KB262664

조선의 학자, 땅을 말하다

내일을여는지식 역사 8

조선의 학자, 땅을 말하다

손용택 지음

KSi 한국학술정보㈜

『조선의 학자, 땅을 말하다』

    지리학을 공부한 후, 대학 강단에서 강의하고 논문을 작성하면서 문득 생각이 떠올랐다. 필자가 작성한 논문들이 두고 두고 독자와 후학들에게 읽히면서 사랑받을 수 있는 주제가 무엇일까? 그러던 차에 직장을 옮겨 한국학중앙연구원 교수로 자리를 옮겼다. 그때부터 일반인들에게 알려지고 읽혀질 수 있는 주제는 우리 고전 속에 있지 않을까라는 생각이 들었다. 그후 본격적으로 조선시대 학자들의 글들 속에서 이들이 '땅'을 어떻게 보고 있을까를 밝혀 해석해 보기 시작하였다.

    평소에 접하고 싶었던 선학들의 저술은 한국학중앙연구원 장서각에 원문과 번역문들이 쌓여있었다. 이들 중에 관심이 가는 학자들의 책을 순서를 정해 하나씩 소화시켜 나가기를 약 7년, 미천하기 짝이 없지만 어느덧 한 권의 책을 엮어 보고 싶은 생각을 갖게 되었다. 논문을 한 편씩 더해갈 때마다 정약용, 박지원, 박제가, 이익 등 우리들에게 익히 알려진 선학들의 '땅'에 대한 생각, '땅'을 매개로 한 목민관, 치산치수 철학과 경세치용 등의 내용들은 곱씹어 볼 만한 가치가 있었고, 독자들에게 알려야겠다는 사명감마저 일었다.

    본 서의 각 장(章)은 논문 한 편씩에 해당한다. 학자의 삶과 시대적 배경, 그들의 땅에 대한 관리방식과 철학, 애민사상, 당시의 농업

경제에 대한 비중과 인식 등, 필자는 이들을 종합하여 당시 선학들의 땅에 대한 관(觀) 또는 인식의 종합적 결론을 내려 보고자 시도했다. 독자들은 각 장(章)을 통해 그 시대를 고민한 학자들을 만날 수 있고, 그들의 사상과 철학을 접할 수 있을 것이다. 특히 농경지와 시골의 자연환경을 대상으로 한 지방 수령들의 목민관과 서민들의 농업 경제 활동 상황을 보게 될 것이다. 덤으로 당시 우리나라와 관계를 맺은 중국(청)과 일본의 자연과 인문적 시대상황까지도 들여다보고 흥미를 느낄 수 있으리라 본다.

독자들의 관심과 애정이 뒷받침되는 것이라면 필자는 본서로 만족하지 않을 작정이다. 우리 조선왕조 시대의 학자들이 우리의 농토와 자연을 어떠한 관점으로 주시했고, 어떻게 관리했으며, 땅을 매개로 백성들의 삶을 어떻게 권장하고 있으며, 각 시대 상황에 국가경제를 어떻게 고민하고 있는지를 세밀하게 관찰하여 글로 남기고 싶다.

본서를 접한 독자 제현들은 필자에게 따가운 질정을 아끼지 말고 사랑을 베풀어 주기를 바라는 마음 간절하다.

2009년 12월
분당구 운중동 연구실에서
필자 손 용 택

제1장

이익의 『성호사설(星湖僿說)』

1. 서론

　성호의 학문의 결정(結晶)이라고도 볼 수 있는 '사설'(僿說)은 그
가 40세 전후부터 40년간 걸쳐서 설경(說經)하는 여가에 생각이 미
친 바를 그때그때 적어 두어 쌓이고 쌓인 것을 팔순에 가까웠을 때
그의 족자(族子)가 정리하여 기록한 것이다. '사설'은 천지문(天地
門), 만물문(萬物門), 인사문(人事門), 경사문(經史門), 시문문(詩文
門) 등으로 구성되어 있다. 이 가운데 지리 관련 내용은 천지문(天
地門)에서 집중적으로 보인다.[1] 따라서 본 연구의 범위도 『성호사
설』 가운데 지리 관련 주제 및 내용이 가장 많이 게재된 천지문에
국한하여 중점적으로 보고자 하였다.

　오늘날 성호 이익에 대한 타 전공분야 학자들이 늘고 있는 데 비
해, 상대적으로 지리학 쪽에서는 그에 대한 깊은 연구가 없는 것이
현실이다. 우리나라 지리학의 역사가 반세기를 넘어선 이즈음에 『성
호사설』 등 우리에게 익히 알려진 고전들을 활발히 분석하고 거기
서 지리학적인 내용 또는 관련 사실들을 찾아내어 해석하고 정리하
는 작업이 이루어져야 할 때라고 여겨진다. 서양에서 싹트고 체계화
된 지리학이지만, 그래서 우리나라의 고전에서 보이는 지리 관련 내
용이나 주제들이 현대지리학의 분류체계를 기준으로 볼 때 덜 구조
적이고 체계적이지 못한 점이 인정되지만 우리 선조들의 삶 속에는

＊　본 연구는 2005년도 한국학중앙연구원의 개인연구과제로 수행되었음.

1) 『성호사설(星湖僿說)』은 다시 성호의 고제(高弟)인 순암 안정복(安鼎福)에 의해 새로 『성호
　사설유선(星湖僿說類選)』으로 간추려졌다. '사설'은 '－문(門)'으로 분류하였으며 칙수(제목
　분류) 총계 3,007개이고, 『사설유선』은 '－편(篇)'으로 분류하면서 칙수 1,396개로 추려졌다.

시기마다 상황마다 당시에 응용 활용된 지리지식과 정보들이 있었고, 이들 지식과 정보는 생활에 영향을 미쳤을 것은 분명하다.

그것이 오늘날의 체계화된 지리지식의 바탕이 될 만한 것이었는지는 모르나 농업경제를 기반으로 한 우리의 삶이 인간과 자연과의 관계 속에 상호 작용하며 경험에서 얻어진 지리지식과 지혜가 누적되었을 것은 자명하다. 우리의 고전들을 연구하는 전공 분야는 많다. 국문학, 민속학, 역사학, 정치학, 경제학은 물론이고 미술사학, 국악 분야에서도 연구가 활발하다.[2] 지리학은 어떠한가? 문화역사지리학회를 중심으로 해서 이 방면의 연구 성과를 착실히 내고 있음은 퍽 다행한 일이나 양이나 질적인 면에서 여전히 지속적으로 할 일이 많다.

현대 지리학이 우리나라에 들어와 뿌리를 내리고 발전한 지 반세기가 넘었다. 우리나라에서 지리학 분야의 모태 학회인 대한지리학회의 역사가 이를 증명한다. 과거 반세기 이상 동안 우리나라의 지리학은 괄목할 만한 발전을 이루었지만 지리학 인구가 적은 척박한 환경에서 외국의 선진 지리학 내용을 받아들인 신학문으로서 뜸 들기도 전에 지난 20세기 말에 서울에서 세계 지리학대회를 개최하는 개가를 올리기도 하였다. 최근에 우리나라의 지리학계에서는 외국의 새로운 지리학 이론들을 적용한 새로운 연구 성과들이 많이 나오고 있다. 연구내용의 다양성과 범위 확대는 가히 놀라울 정도이다. 그럼에도 불구하고 여전히 아쉽고 부족한 부분은, 과거의 우리 것을 돌아보고 정립하는 지리학과, 미래를 투시하고 준비

---

2) 이들 전공학문 분야의 연구자들이 모여 동양학과 한국학을 연구하는 대표적인 기관의 예로 한국학중앙연구원을 들 수 있다.

하는 미래 지리학 분야이다. 본 연구는 전자(前者)에 일맥을 맞추고자 한 것이다.

고전 속에 깃들어 있는 선학과 선조들의 지리 관련 사고(思考)와 철학, 지혜를 통해 과거의 우리 현주소를 알아보는 일은 매우 의미 있는 일이 될 것이다. 이러한 작업들이 이루어져 누적되고 성과를 나타낼 때, 국학으로서의 지리학은 확고해질 것이고 고전분야 연구의 타 학문들과도 어깨를 나란히 할 위상을 지니게 될 것이다. 본 연구는 이와 같은 연구에 일익을 담당한다는 보람과 필요성에 바탕을 두고 다음 내용들을 분석하고자 한다.

첫째, 『성호사설』 천지문의 많은 주제와 내용들 가운데, 이익(李瀷)의 지리적 관심은 어느 주제들에 두어지고 있는가를 살핀다, 둘째, 지리 관련 주제(topics)들에 따른 내용깊이는 어디까지 이르는가. 셋째, 『성호사설』 천지문에서 왜 이러한 지리 관련 주제와 내용들이 다루어졌을까를 생각해 보고 해석한다. 이러한 성찰은 시대 상황이 필요로 했던 지리지식의 범주와 깊이를 알아보는 과정이기도 하다. 넷째, 『성호사설』 천지문에 보이는 주제와 내용들은 오늘날의 그것에 비추어 어떠한 차이가 있는가. 다섯째, 이상의 연구내용 결과를 종합하여 『성호사설』 천지문에 나타난 지리관을 도출하고 정리하여 서술한다.

그렇다면, 논문의 제목과 연구 내용에서도 언급했듯이, 본 연구에서 말하는 '지리관'이란 무엇인지 그 성격을 분명히 할 필요가 있다. 여기서의 '지리관'이란 『성호사설』 천지문을 통해 본 성호 이익의 '지리적 사고(思考)'이다. '지리적 사고'에 영향을 미치는 요소는 연구내용에서 짚은 것처럼, 지리학 또는 지리지식과 관련하여 어떤 주제(topics)를, 어느 정도의 내용 깊이까지 다루었으며, 왜 당시에 그 주제를, 그 정도 깊이까지 다루었는가이다. 이들을 분명히 하기 위한 절차로서 오늘날의 체계화된 지리지식과의 차이점 등을 들어내어 비교하는 것은 필수 과정이다. 그리고 지리 관련 주제를 골라내는 것과 발췌된 관련내용들에 대한 해석과 논의하는 것은 본 연구의 핵심 과정이라 할 수 있다. 아울러 이러한 작업의 주체는 연구자이므로 주제를 골라내고, 내용의 깊이를 재며, 오늘날의 지리내용과의 차이를 들어내어 해석하고 논의하는 과정에 최소한의 연구자 '주관'이 깃들일 수 있음을 밝혀 둔다.

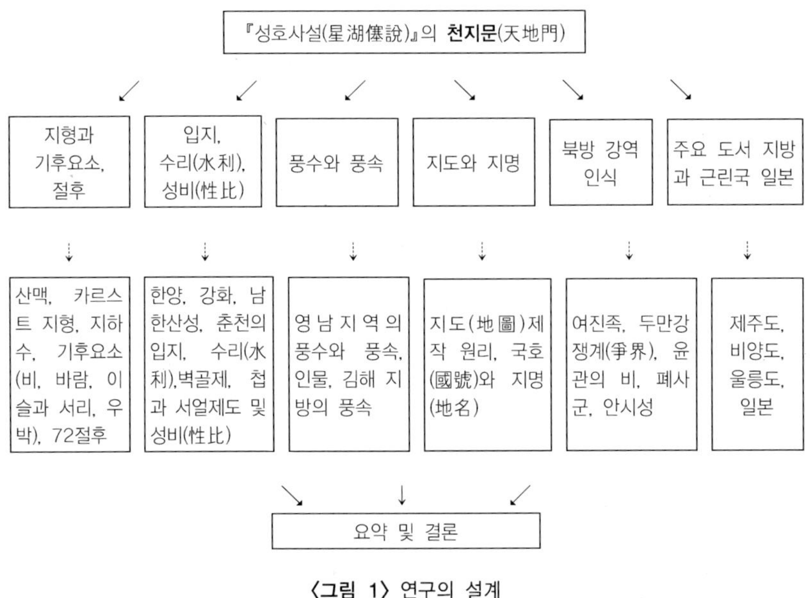

〈그림 1〉 연구의 설계

연구방법은 첫째, 본 연구는 기본적으로 이익(李瀷)의 저술 문헌을 바탕으로 한 문헌연구이다. 둘째, 이익의 대표저작인 『星湖僿說』

의 천지문(天地門)을 연구범위로 좁혔다. 이는 천지문에 지리 관련 내용이 가장 많이 함축되어 있기 때문이다.[3] 셋째, 『성호사설』의 천지문권(天地門卷)을 꼼꼼히 읽으면서 지리 관련 주제(topics)와 내용을 모두 발췌하였다. 넷째, 추출한 지리 관련 주제와 중복되는 내용들을 정리하여 그림 1처럼 여섯 가지로 나누었다. 분류의 기준은 현대 지리학의 분류 방식을 염두에 둔 것이나 반드시 일치하지는 않는다. 다섯째, 이렇게 여섯 가지로 정리된 주제와 내용들을 논의·해석한다. 여섯째, 발췌한 내용들을 논의하는 과정에서 미진한 부분은 필요한 경우 한문 원본과의 대조작업을 벌이고, 의심되는 부분은 전문가의 자문을 받는다. 마지막으로, 연구내용의 분석 관점을 기준으로 성찰하고, 정리 요약하여 '『성호사설』 천지문에 나타난 지리관', 즉 지리적 사고(思考)를 도출한다.

2. 성호(星湖) 이익(李瀷)의 삶과 시대배경

성호는 1681년 아버지 하진과 그의 후부인 권씨(權氏) 사이에 운산에서 태어났다. 아버지는 1682년 6월에 전 부인 이씨(李氏)와의 사이에 태어난 3남 2녀와 후부인 권씨와의 사이에 태어난 2남 2녀를 남긴 채 55세를 일기로 유배지 운산에서 죽었다.[4] 아버지를 여읜 뒤에

---

3) 민족문화추진회(1978)에서 번역한 국역성호사설의 천지문(天地門)을 연구의 대본으로 하였다.

4) 성호(星湖)의 증조부 상의(尙毅)는 의정부 좌찬성, 할아버지 지안(志安)은 사헌부 지평을 지냈고, 아버지 하진(夏鎭)은 사헌부 대사헌에서 사간원 대사간으로 환임(還任)되었다가 1680년 (숙종 6) 경신대출척 때 진주목사로 좌천. 다시 평안도 운산에 유배되었다(한국정신문화연구원, 2002, 민족문화대백과, 이익(李瀷)).

선영이 있는 안산의 첨성리(瞻星里)로 돌아와 어머니 권씨 슬하에서 외롭고 병약한 삶이 시작되었다. 10세가 되어서도 글을 배울 수 없을 만큼 병약했으나, 더 자라서는 둘째 형 잠(潛)에게 글을 배웠다.

25세 되던 1705년 증광시에 응했으나 녹명이 격식에 맞지 않았던 탓에 회시에 응할 수 없게 되었다. 바로 다음 해 9월에 둘째 형 잠(潛)은 장희빈(張禧嬪)을 두둔하는 소를 올렸다가 역적으로 몰려 십수 차례의 형신(刑訊) 끝에 47세로 옥사하였다. 이 사건을 계기로 이익은 과거에 뜻을 버리고 평생을 첨성리에 칩거하였다. 바다가 가까운 고향 근처에는 성호(星湖)라는 호수가 있어 그의 호가 이에서 연유되었고, 그 고장에 있던 그의 전장(田莊)도 성호장(星湖莊)이라 일컬어졌다. 여기에서 조상으로부터 물려받은 토지와 노비 등을 바탕으로 평생을 두문불출하고 학문에만 전념했다.5)

그의 학문은 일문에 이어져서 준재가 많이 배출되어 그의 외아들 맹휴(孟休)는 『예론설경(禮論說經)』, 『춘관지(春官志)』, 『접왜고(接倭考)』 등을 남겼고, 종자(從子) 병휴(秉休)는 예학으로, 종손 중환(重煥)은 인문지리로 이름을 남기고, 가환(家煥)은 정조의 은총을 받아 벼슬이 공조판서에 이르렀다가 천주교 박해의 신유사옥 때 옥사했다.6)

그는 이이(李珥)와 유형원(柳馨遠)의 학풍을 존숭해서 당시의 사

---

5) 첨성리에 칩거하며 학문에만 전념할 수 있었던 배경에는 아버지 하진이 1678년에 진위 겸 진향사(陳慰兼進香使)로 연경(燕京)에 다녀올 때 청제(靑帝)의 궤사은(饋賜銀)으로 사 가지고 온 수천 권의 서적 때문에 가능하였다.

6) 경제실용의 학문에 이맹휴, 성리학 등에 이병휴, 역상과 문장에 이용휴, 성리·예학에 이삼환, 유학 전 부문에 박학이었던 이가환, 인문지리에 이중환 등이 성호의 학풍을 계승한 일문이고, 역사의 안정복(安鼎福)을 위시한 윤동규(尹東奎), 신후담(愼後聃), 권철신(權哲身) 등이 당대의 학해(學海)를 이루었으며, 정약용과 박지원, 박제가 등은 그의 여풍을 계승한 두드러진 학자들이었다.

회실정에 깊은 관심을 가지고 세상의 일에 실효를 거둘 수 있는 재구(材具)의 준비가 있어야 실학이라고 보았다. 그것은 사장(司章), 예론(禮論)에 치우치거나 주자의 집전(集傳), 장구(章句)에만 구애되는 풍조, 그리고 종래의 주자학적으로 굳어진 신분관·직업관에서 벗어나는 것이었다. 그리고 임란과 호란을 겪고 난 뒤의 사회변동과 당시의 세계관·역사의식의 확대 및 심화에 따라, 국가에 대한 재인식과 자각에서 일어난 조선후기 실학의 기본성격도 그에게 영향을 미쳤다. 그는 불가(佛家)의 이단(異端), 술가(術家)의 소기(小技) 및 패관잡설(稗官雜說) 등 세 가지 부류의 서(書)를 혐오하였다. 그러나 당시 중국을 통해 전래된 서학(西學)에는 학문적인 관심을 기울여 천문(天文), 역산(曆算), 지리학과 천주교서 등 한역서학서(漢譯西學書)를 널리 읽고 만국전도(萬國全圖), 시원경(視遠鏡), 서양화(西洋畵) 등 서양문물에 직접 접하면서 세계관·역사의식을 확대, 심화시킬 수 있었다. 그것은 그가 종래 지녔던 중국의 화이관(華夷觀), 성인관(聖人觀)에서 탈피하여 보다 합리적이고 실증적인 시야를 지닐 수 있게 해 주었다.[7]

3. 지형과 기후요소

성호는 천지문을 통해 천문학, 기상학, 지리학, 기후학 등의 분야

---

7) 그러나 그는 불교의 윤회설이나 천주교의 천당지옥설, 예수부활설과 같은 것은 황당한 설로 간주하였다.

와 관련한 내용들에 대해서 소개하고 본인의 생각을 펼쳤다.[8] 그러나 본 장(章)에서는 이들 내용 중에서 지형과 기후요소 등 우리 생활과 밀접한 지리적인 주제들과 내용에 한해 논하기로 한다.

1) 산맥과 카르스트 지형, 지하수와 샘

성호는 백두산과 이로부터 시작되어 동해안을 따라 뻗어 내린 태백산맥, 소백산맥 등 산지 지형의 흐름을 논하고 생기(生氣)가 이를 따라 흐르는 풍수와 관련지어서 설명하고 있다.

> "백두산은 우리나라 산맥의 조종(祖宗)이다. 철령(鐵嶺)에서부터 서쪽으로 뻗은 여러 산맥이 모두 서남쪽으로 줄달음쳤다. 철령에서 태백산과 소백산에 이르러서 하늘에 닿도록 높이 솟았는데, 이것이 본줄기이고 그 중간에 있는 여러 갈래는 모두 서쪽으로 갈려 갔으니, 이것은 풍수학에서 말하는 '버들가지'(楊柳枝)라는 것이다." ……(하략)…… (민족문화추진회, 국역성호사설(천지문) 1, 1978, p.90)

과학적인 근거가 희박할 때가 있어서 합리적 설명이 어려운 부분이 많은 것이 '풍수지리'이지만, 성호와 같은 옛 선학들과 일반인들에게는 이러한 '풍수' 또는 '풍수지리 사상'이 많은 영향을 미치는, 커다란 관심사였음을 『성호사설』을 통해 알 수 있다. 예를

---

8) 천지문 223항목 중에는 천문(天文)과 지리(地理) 내용이 주이다. 천문학 분야의 내용에는 천문지, 율력지, 칠성서 등과 중국의 고전 등에 비추어 일월(日月), 성신(星辰), 풍우(風雨), 노상(露霜), 뇌진(雷震), 조석(潮汐) 등에 관해 논하였다. 역법(曆法)과 태양의 궤도, 세차, 동지, 하지, 춘분, 추분, 일식, 일구(日晷) 등에 대해서도 언급하고 있는데, 특히 별자리의 변화는 병란(兵亂)과 지변(地變), 질역(疾疫)과 관련이 있는 것으로 생각하였으며 천재지변에는 시운(時運)이 따르는 것으로 보았다.

들어, 퇴계 선생이 태백산과 소백산 밑에서 출생하여 우리나라 유학자의 우두머리가 되었으며 퇴계의 영향을 받은 인물들이 깊이가 있고 빛을 발한다. 그리고 예의가 있고 겸손하며 문학이 찬란하여 수사(洙泗)[9]의 유풍을 방불케 하였고, 또한 남명(南冥) 같은 인물이 지리산 밑에서 출생하여 우리나라에서 기개와 절조로 가장 높은 위치를 차지한 인물인데, 그 후계자들은 정신이 강하고 실천에 용감하며 정의를 사랑하고 옳은 일에 생명을 가볍게 여기어 뜻을 굽히지 아니하였다고 칭송하였다.[10] 이들 인물들이 범상치 않음은 곧, 백두산 - 철령 - 태백산맥 등으로 이어져 내려온 정기를 타고 태어난 인물과 그 문하들이기 때문에 그렇다는 논리를 전개한다.

한편, 백두산 산지 지형에 대해 『여지승람(輿地勝覽)』과 홍세태(洪世泰)의 『유하집(柳下集)』에 있는 백두산기(白頭山記)의 내용을 인용하여 살피면서 백두산의 지리적 특징, 발원하는 하천, 윤관(尹瓘)의 정계비 등에 대해 두루 관심을 표명하고 있다. 나아가 윤관(尹瓘)의 비가 서 있는 속평강(速平江)까지 우리 영토로 하지 못하고 김종서(金宗瑞) 때에 와서 후퇴하여 두만강으로 경계를 정한 것은 크게 잘못된 일로 지적하고 있다.

그리고 성호는 카르스트 지형에 대해서도 그 기이한 형상을 잘 표현하고 있다. 물론 '카르스트 지형'이라는 용어나 개념은 전혀 몰랐을 것이며, 성호가 보거나 듣고 이해한 내용을 정리한 것이 석회동굴인 모르고 서술하였을 것이다. 본인이 들어서 알고 있는 그러한 희귀한 석굴, 즉 '석회동굴'의 분포지역과 그 동굴 내부의 일

---

9) 수(洙)와 사(泗)는 모두 노(魯)나라의 물 이름. 수사는 곧 공자와 그 제자들이 출생한 곳이라는 뜻.
10) 민족문화추진회, 국역성호사설(천지문) 1, 1978, p.91.

반적 특징을 잘 기술하고 있다.

석회동굴 내부에 발달한 각종 카르스트 지형의 일군(一群)을 스펠레오뎀이라고 할 때, 인용문의 내용은 카르스트 지형의 특징에 대한 대단히 훌륭한 묘사라고 여겨진다.

성호는 지하수의 한 갈래가 지표로 솟아 나오는 형태인 '샘'(spring)에 대해서도 관심을 집중하였다. 샘이 무작정 흘러넘치지 않는 원리를 구부러진 대나무 통에 물을 넣어 실험을 하는 원리를 들어 분석적으로 설명하고 있다. 이러한 원리로서 우물의 샘이 아무리 풍부해도 일정한 수위까지만 채우고 더 이상 넘쳐나지 않게 된다는 명쾌한 설명은 성호의 과학적 사고의 일면을 보여 준다. 샘의 과학적 원리를 밝혀 줌으로써 일상생활에 직결되어 있는 우물의 이치를 깨닫게 해 주는 부분이다.

2) 기후 요소

(1) 비와 바람

비가 만들어져 내리는 원인을 추위(冷)와 더위(熱)가 서로 충돌하여 생기는 것으로 설명하였다.[11] 구체적으로 오늘날 기후학에서 말하는 온난기단과 한랭기단이 만나 이루어지는, 즉 기단(氣團)에 의한 전선(前線)성 강우라는 표현은 사용하지 않았지만 그 원리는 같은 것이라 할 수 있다. '냉'(冷)과 '열'(熱)이 만나 비가 만들어져 내리는 원리는 확대해 본다면, 대류(對流)성 강우, 지형(地形)성 강우 등의 현상에도 일면 적용된다고 볼 수 있다. 태양의 직사광선에 의해 데워진 '공기 열의 대류 현상'과 산맥 등으로 인한 지형이 가로막혀 이를 타고 넘는 공기의 단열 압축과 팽창의 원리가 더해진 차이가 있을 뿐이다. 단지 차이가 있는 것은 이들 원리를 치밀하게 설명하지는 못하고, 강우의 원리를 축약하여 '추위(冷)'와 '더위(熱)'가 만나 만들어지는 것으로 설명한 것이 차이점이다.[12] 용어는 다르지만 분명한 것은 한랭기단(추위)과 온난기단(더위)이 부딪쳐 생성되는 전선성 강우의 기본원리를 알고 이를 설명하였다는 점이다. 따라서 성호의 설명은 강우 형성의 가장 중요한 원리를 파악하여 설명한 것이라고 볼 수 있다. 아울러 설명하는 용어의 차이는 있지만, 구름 가운데의 음이온과 양이온이 부딪칠 때, 천둥과 번개가 동반되는 원리에 대한 설명 역시 과학적이다.

---

11) 위의 책, p.152.

12) 강우의 원인으로 기후학 또는 지리학에서 전선성(前線性) 강우, 대류성(對流性) 강우, 지형성(地形性) 강우 등 세 가지의 경우를 들어 설명하는 것이 보편적이다.

한편 성호는 바람이 불어오는 방향에 따라, 그리고 바람이 불던 지역에 따라 우리나라에서 불렀던 바람의 명칭이 달랐음을 일일이 들어 설명하였다. 고유의 우리 바람 이름을 소상히 밝혀 설명하고 있음은 성호의 자연현상에 대한 지대한 관심과 지리적 관심을 반영한다. 우리에게 익히 알려진 속담 가운데 "마파람에 게눈 감추듯 하다."라는 말이 있는데. 여기서 말하는 '마(麻)'바람은 곧 남풍임을 알 수 있다.[13]

나는 농어촌에 살고 있어서 그들의 속담을 많이 들어 알고 있다. 비가 오고 바람 불 것을 미리 점치는데 바람의 이름이 각각 다르다. 동풍을 사(沙)라 하는데 곧 명서풍(明庶風)으로 「이아」(爾雅)의 곡풍(谷風)이라는 것이요, 동북풍을 고사(高沙)라 하니 곧 조풍(條風)이요, 남풍을 마(痲)라 하니 곧 경풍(景風)으로 「이아」에 개풍(凱風)이라는 것이요, 동남풍을 긴마(緊痲)라 하니 곧 경명풍(景明風)이요. 서풍을 한의(寒意)라 하니 곧 합창풍(闔閶風)으로 「이아」에 태풍(泰風)이라는 것이요. 서남풍을 완한의(緩寒意) 또는 완마(緩痲)라고도 하니 곧 양풍(凉風)이요, 서북풍을 긴한의(緊寒意)라 하니 곧 부주풍(不周風)이요. 북풍을 후명(後鳴)이라 하니 곧 광막풍(廣漠風)이라는 것이다. 이것들은 모두 시(詩)짓는 자료로 사용할 수 있다(「類選」 券一上 天地篇上 天文門, 민족문화추진회, 국역성호사설(천지문) 1, 1978, p.203).

(2) 이슬과 서리, 우박

성호는 비와 바람 외에도 일상의 기후와 날씨를 바라보는 일에 매우 세심했음을 알 수 있다. 오늘날 관련 학문들 특히 농학이나

---

13) 토박이말 쓰임사전을 찾아보면, 방향에 따라 북동풍은 된새바람(또는 높새), 서풍은 갈바람(또는 하늬바람), 남서풍은 갈마바람, 남풍은 마파람 또는 앞바람, 북서풍은 높하늬바람, 북풍은 높바람 또는 된바람으로 부르기도 한다(이근술·최기호 엮음, 2001, 토박이말 쓰임사전, 동광출판사, p.895).

농업지리학, 농업경제학에서는 무상일수(無霜日數)는 농작물의 생
육기간(生育其間)에 영향을 미치는 요인으로서 중요시한다. 이렇게
농경생활과 직결되는 것으로서 서리에 대한 관찰과 그와 유사한
이슬과의 차이점 등을 밝히며 기후 요소들에 대한 관심을 기울였
다. 결국 이들이 우리 일상의 농업 경제 활동과 직접적으로 연결되
는 것이기에 그러했던 것 같다.

성호는 비, 바람, 이슬, 서리, 천둥과 번개 등에 두루 관심을 가
지고 나름대로 설명을 시도하고 있지만, 우박에 대해서는 왜 생기
는 것인지, 그리고 그 크기가 경우에 따라서 왜 큰 차이가 나는지
등에 대해 어떻게 설명해야 하는지 확신이 서지 않는다는 태도를
취하고 있다.14) 그럼에도 불구하고 우박의 크기가 다양한 것은 반
드시 물이 있은 뒤에 한데 뭉쳐서 된 것이라는 추측을 하는 것으로
볼 때 어느 정도 그 성인을 파악하되, 명쾌한 설명을 시도하지 못
하였음을 알 수 있다.

3) 칠십이 절후(七十二 節侯)

성호는 역서(曆書)에 나오는 72절후(節侯)에 대해서도 논하고 있
다. 72절후는15) 『급총주서(汲冢周書)』 시훈해(時訓解)에 바탕을 두고
있으며, 72절후를 만들게 된 이유는 선현들의 오랜 경험을 바탕으

---

14) 민족문화추진회, 1978, 국역성호사설(천지문) 1, p.211.

15) 칠십이후(七十二侯): 태음력(太陰曆)을 가지고 자연 현상에 입각하여 1년을 72절후로 구분
　　한 것으로 『예기』 월령(月令)에 보면 5일을 1후(侯), 3후를 1기(氣), 6후를 1월(月)로 하여
　　1년을 24기 72후로 하였다. 민족문화추진회, 국역성호사설(천지문) 1, 1978, p.283 각주
　　재인용.

로 계절과 절기에 따라 변화하는 특징들을 적어 농경생활의 유익한 정보를 얻고 여러 정황에 미리 대처하도록 하는 데 목적이 있다. 24 절기와 72절후에서 '기후'라는 말이 나왔고 1년을 24절기(節氣)로 나누고 각 절기를 다시 3개의 후(候)로 나누어 계절을 구분한다. 성호는 72절후 내용에 대하여 다음과 같이 일부를 소개하고 있다.

- 바람이 해동(解凍)하지 못하면 호령(號令)이 행해지지 않는다.
- 새봄이 되어 만물이 생기를 얻지 못하면 갑주(甲胄 : 갑옷과 투구)를 사장(私藏)한다.
- 초목이 싹트지 않으면 과일과 채소가 성숙하지 않는다.
- 번개를 시작하지 않으면 군주(君主)의 위세(威勢)가 떨치지 않는다.
- 반설(反舌)이 소리가 있으면 간사한 사람이 곁에 있다.[16]
- 큰비가 때아니게 내리면 나라를 순행(巡行)하여도 은택(恩澤)이 없다.
- 현조(玄鳥)가 돌아가지 않으면 가족이 흩어진다.[17]
- 우레가 소리를 거두지 않으면 제후(諸侯)가 음일(淫佚)한다.
- 홍안(鴻雁)이 오지 않으면 백성들이 복종하지 않는다.
- 국화에 황화(黃華 : 노란 꽃)가 없으면 땅에 심어 가꾸지 못한다.
- 무지개가 사라지지 않으면 여자가 한 남편에게 전심하지 않는다(이상 민족문화추진회, 국역성호사설(천지문) 1, 1978, 283쪽).

성호는 72절후가 만들어진 것이 오랜 세월에 걸친 민간 풍속과도 관계되는 것이라고 보았다. 이와 관련하여 민속에 대해서도 언급하였는데, 민속을 보는 시각으로서, "원래 민속(民俗)이란 순후하기도 하고 경박하기도 한 것이지만, 물성(物性)과 인사(人事)는 부험(符驗)을 얻을 수 없다."고 하였다.[18]

---

16) 반설(反舌) : 『예기』 월령(月令)에 나오는 말로 백설조(百舌鳥)를 의미함.
17) 이 말의 원문(原文) 실가(室家)는 아내의 뜻도 되어, 아내와 흩어지는 것으로도 풀이가 가능하다(민족문화추진회, 국역성호사설(천지문) 1, 1978, p.283 註 재인용).

이상에서 지형과 기후요소 및 절후에 관한 내용을 살폈다. 오늘날에도 우리생활과 밀접한 산지와 하천지형, 시멘트 공업이나 관광자원과 밀접한 카르스트지형, 청정수 식수로서의 지하수 개발 등은 많은 관심을 집중하는 내용들이다. 3대 기후요소인 기온, 바람, 강수 역시 우리 생활과 대단히 밀접하다. 매일 매일의 일기예보는 바로 이들의 변화상을 우리에게 알려 주는 정보인 것이다. 이상의 내용들 외에 이슬, 서리, 우박 등에 대해서도 성호의 관심이 머물렀다고 하는 것은 자연지리적 현상에 대한 성호의 실용적 학문관심을 입증해 준다.

4. 입지(立地), 수리(水利), 성비(性比)에 대해

성호는 장소의 입지와 수리(水利) 및 치수(治水)에 대해, 그리고 인구의 성비(性比) 문제와 관련하여 첩(婕) 제도 및 서얼제도에 관심을 보여 주고 있다. 특히 그는 입지 선정과 관련해서는 외침에 대비할 뚜렷한 지리적 방어 입지에 관심이 많았다. 그와 관련하여 수도(首都)가 갖추어야 할 입지조건, 조선 시대 수도인 한양(漢陽)의 입지, 피난처 수도로서의 강화(江華)와 남한산성(南漢山城)에 대한 입지, 전략적 장소로서의 훌륭한 춘천의 입지 등 여러 지역을 사례로 제시하며 입지에 대한 생각을 피력하였다.

---

18) 물성(物性)이란 물건의 성품이지만 여기서는 사람의 성품을 가리키고, 부험(符驗)은 서로 맞아들어 가는 것을 말한다. 이 문맥은, 즉 성품이 나쁘다고 해서 반드시 결과가 좋지 않고, 성품이 좋다고 해서 반드시 좋은 것이 아님을 뜻한다.

1) 입지(立地)의 선정

장소에 대한 지리적 가치는 상황에 따라 변할 수 있음을 언급한 것은 중요한 지적이다.[19] 한 시대의 어느 장소에 인정되는 중요성은 불변하는 것이 아님을 주장하면서 당대에 '요충지대'로서 비중이 있던 어떤 지역이 미래에는 전혀 그렇지 않을 수 있다고 설명하였다.

한 나라의 수도(首都)는 국가 방위 전략상 그 위치를 잘 잡아야 하는데 고려하여야 할 조건 중에 이민족(異民族)과 가까운 곳에 두어, 그들을 통제하고 감시할 수 있어야 함을 강조하였다. 이러한 논지는 외적 방어에 유리한 입지를 중시하는 지리적 식견이라 할 수 있다. 아울러 명(明) 이후 중국의 수도인 연(燕: 오늘 날의 북경)으로 접어드는 길목에 험준한 산해관(山海關)이 위치함으로써 외적 방어의 요로라는 장점과 교통의 불편함에 따르는 단점의 양면을 지닌 지형적 요인을 들어 입지상의 특성을 설명하였다.[20] 당시 상황에서 이민족의 침략에 대비하는 방어상의 입지에 치중한 것은 어찌 보면 당연한 귀결이다. 그러나 오늘날의 기준으로 볼 때, 한 국가의 수도는 글로벌시대의 국가 이미지와도 직결되는 중요한 위치를 점한다고 볼 수 있으며, 따라서 국방상의 요건뿐만 아니라, 한 나라의 물산의 흐름과 교통의 중심에 위치하여 국가 정치, 경제, 문화발전의 거점 역할 등 종합적 관점으로 파악되어야 할 것이다.

---

19) "……(전략) 대체로 지리적인 가치는 변할 수 있으며 시대는 예와 지금이 다르다. 사람들은 다시 깊이 연구하지 아니하고 아직까지도 누경(婁敬)[1]의 말 한 마디를 믿고 이를 철칙으로 생각하고 있다. (민족문화추진회, 국역성호사설(천지문) 1, 1978, pp.145~146.

20) 『성호사설』 제1권 천지문, 획계(劃界), 민족문화추진회, 국역성호사설(천지문) 1, 1978, p.64.

성호는 자초상인(自初上人) 무학(無學)대사가 조선의 수도(首都)를 정할 때에 충청도 계룡산의 신도(新都)와 지금의 서울(한양)을 둘러보고 여러 가지 조건을 따져 비교한 후 한양을 택하게 된 것을 탁월한 선택으로 보고 있다. 이의 타당함을 논증하는 성호의 안목은 풍수 및 지리의 식견을 함께 수용하고 있음을 알 수 있다. 그렇게 보는 관점으로서 첫째, 무학은 신도(新都)에 대해 조운이 불편한 점만을 들었지만, 성호는 신도(新都)의 판국이 좁고 역량이 모자라며 호남의 산수가 옹호해 주지 못한 점 등 불비한 여건을 종합적으로 지적하고 있다. 둘째, 상대적으로 한양(漢陽)은 범위가 크고 장엄하며, 풍수적으로도 훌륭하므로 수도입지로서 선택될 만하다고 본 것이다.[21]

반면, 한양(漢陽)은 성곽을 쌓아 외적을 방어하기에는 규모의 경제상 지나치게 크고 트여 있다는 지적도 함께 하고 있다.[22] 몽고의 침입 시에 왕실의 피난지였던 강화(江華)는 당시로 보아 어쩔 수 없는 선택이었겠지만 왕실이 머물기에는 작은 규모이므로 훌륭한 입지는 아니었으며, 남한산성(南漢山城)은 높은 산꼭대기 입지이므로 교통상의 흐름에 한계를 지니고 물자 수송에 불리하며 백성들의 안전을 보장하기에도 양호한 입지는 못 된다고 보았다.[23] 이렇게 보면, 성호는 규모의 경제를 살릴 수 있는 적당한 크기의 입지,

---

21) 민족문화추진회, 국역성호사설(천지문) 1, 1978, pp.318~319.

22) 이 지적에 대해서는 당시의 수준으로 보아 성의 축조기술이 못 미쳐 이러한 우려를 표명한 것으로 해석된다. 그러나 한양에 성곽을 짓되, 같은 기술수준이지만 내성과 외성을 2중, 3중으로 축조하는 방안을 제시하지 않았는지 궁금하다. 한양이 넓어 튼튼한 도성을 축조하는 것이 불리하다면 한양 주변의 여러 잔구성 산지들을 중심으로 하여 북수(複數)의 작은 성들을 축조하는 방안도 있음을 생각하지 않았는지 궁금하다.

23) 『類選』券一下 天地篇下 地理門, 민족문화추진회, 국역성호사설(천지문) 1, 1978, p.135.

물자의 수송에 편리한 교통입지, 외적의 방어에 유리한 입지, 주민의 안전을 도모할 수 있는 입지 등 여러 가지를 고려해서 상황과 경우에 맞는 입지를 택하여야 한다는 다양한 입지조건을 알고 있었다고 판단된다. 특히 너무 크거나 작아서도 안 되며, 또한 너무 높아서 불편함을 초래해서는 안 된다는 지적의 요점으로 보아 성호가 말하는 바람직한 입지는 '규모의 경제를 살린 방어에 유리한 입지'이다. 나름대로 주의를 기울여 들을 만한 원리가 들어 있다.

이러한 입지 인식과 관련하여서, 외적 방어를 위한 도성(都城)을 쌓고자 할 때, 크게 짓는 것이 무익함을 지적하고 있다.[24] 즉 도성의 담장이 길수록 취약한 부분이 들어나 침투 허점을 노출시키기 쉬우므로 성은 작고 탄탄하게 철옹성을 조성해야 함을 강조하고 있다. 서울의 성이나 개성의 성이 그렇지 못하였기 때문에 외적 침입 시에 한 번도 제 자리에서 지켜 본 적이 없다는 것이다.

성호는 '박천집(博川集)'[25]의 내용을 들어 춘천이 관중(關中)의 장안(長安)으로 비유할 만큼 지형조건이 방어에 유리한 최고의 요충지라고 추천하였다. 동으로는 산맥이 둘러서 있고, 북으로는 금화(金化), 남으로는 홍천(洪川), 서로는 가평(加平)이 길목이 되며, 분지형 골짜기와 산세를 이용해 만반의 태세로 방어하면 안전하기가 철옹성 같은 이를 데 없는 훌륭한 전략적 입지의 장소로 보고 있다.[26] 조선 시대를 비롯하여 과거에 중시했던 도시의 기능으로는 행

---

24) 민족문화추진회, 국역성호사설(천지문) 1, 1978, p.57.

25) 박천집(博川集): 이옥(李沃)의 문집. 저자는 연안 이씨(延安李氏)로 문과에 급제, 이조참의와 경기관찰사를 지냈다. 박천(博川)은 박천(博泉)으로도 쓴다. 민족문화추진회, 국역성호사설(천지문) 1, 1978, p.136 각주 재인용.

26) 『類選』券一下 天地篇下 地理門, 민족문화추진회, 국역성호사설(천지문) 1, 1978, p.136.

정과 방어기능이다. 성호의 관점 역시 군사 및 행정의 중심지 역할 기능을 강조하고 있음을 알 수 있다. 성호는 춘천에 대해서 정치, 경제, 사회, 문화, 교통 등 여러 기능상의 결절(結節) 지역으로서의 중요성을 강조하여 언급하지는 않았지만[27] 그의 통찰력에 의거하여 본다면, 오늘날 강원도의 도청소재지인 동시에 호반의 도시이며 문화의 도시로서 성장은 하였지만 환경관리 차원에서 규제가 많은 탓에 그다지 괄목할 만한 성장세를 보인 것은 아니라고 할 수 있다.

2) 수리(水利)와 치수(治水)

성호는 수리(水利)의 중요성과 유용성에 대해서도 밝혀 설명하였다. 조선 시대 실학자들의 관심은, 대체로 실사구시와 이용후생적인 면에 관심을 기울여, 일상사의 개선에 두어지고 있었으므로 성호의 수리치용(水利治用)에 관한 관심과 서술은 의당히 짚고 넘어갈 만한 주제라고도 볼 수 있다. 빗물, 샘물, 개천물 등 주위에 늘 물이 있으나 이를 활용할 방법을 찾지 못해 방치하거나 흘려버리는 것에 대해 매우 안타깝게 생각하면서, 우리나라에서도 속히, 서양 사회에서 발명되어 일찍이 유용하게 사용하고 있는 도구로서, 물을 퍼 올리는 장치인 '용미거(龍尾車)'를 도입하여 활용하여야 함을 언급하고 있다. 이 도구의 편리한 장치와 유용성을 하루빨리

---

27) 과거에 교통로가 덜 중요시되었다고 볼 수 없지만, 상대적 입지에 절대적인 교통기능의 중요성은 이후 현대 지리학에서 더욱 강조된 것이라고 본다면, 외적 방어에 유리한 군사상의 유리한 입지 조건을 충족하고 그 위에 행정적 중심기능을 수행할 수 있는 장소에 도성(都城)을 축조해야 한다는 뜻의 성호의 사고(思考)를 단편적이라고 말할 수는 없다.

배워서 활용할 것을 권장하였다. 이와 같은 내용은 성호 이후의 실학자인 연암 박지원의 '열하일기'에서도 보인다.[28]

성호는 수리(水利)의 중요성을 논하면서 구체적인 예로 김제의 벽골제를 들었다.[29] 벽골제와 같은 인공 저수지 축조 활용의 중요성을 일깨우는 동시에, 그 벽골제가 없어지게 된 배경설명과, 나라에서 조차 그 중요성을 인식하지 못하고 결국 사적(私的)인 이유로 저수지를 망가뜨려 폐기하게 된 경위 등을 밝히면서 분노를 나타내기도 하였다. 백성들에게 크게 이로운 것이 무엇인가를 역설하는 실사구시의 실학적 사고가 깊게 배어 있는 서술이라 할 수 있다.

3) 첩(妾)과 서얼제도, 성비(性比)

한편, 성호는 첩과 서얼제도를 인구의 성비(性比)와도 관련하여 서술하였는데, 비판을 받고 있는 이 제도에 대해 인구정책적 측면에서 고찰하여 얘기하고 있음은 특이할 만하다. 고려 충렬 왕 당시의 상소내용을 예로 들어 설명하였는데, 여성이 많았던 당시 상황에 대해 상소 내용으로 보아 관리들이 이를 매우 걱정하였으며 국가의 정책적 문제로 다루어지고 있었음을 짐작할 수 있다. 내국인들에게는 엄격한 일부일처제를, 외국인에게는 일부일처제를 예외적으로 적용한 결과라고 지적하였다. 외국인들에게는 제한 없이 아내를 얻게

---

28) 연암 박지원은 연행록인 그의 『열하일기』를 통해 청조로부터 '용미거(龍尾車)'의 편리한 방식을 배워 우리나라 농촌의 농사일에 사용할 것을 권장하였다(나랏말씀 7 열하일기, 2002, 솔: 서울, p.240).

29) 민족문화추진회, 국역성호사설(천지문) 1, 1978, pp.278~279.

했으므로 외국인 자녀가 많아지는 것도 걱정이고, 대책을 세우지 않고 두면 북쪽 국경을 넘어 자유롭게 결혼할 수 있는 곳으로 하나둘씩 떠나갈 일이 염려되니 그 대비책으로서 첩 제도를 둘 필요가 있다는 뜻밖의 내용이다. 오늘날의 시각에서는 매우 터무니없는 대응일 수밖에 없다. 그럼에도 불구하고, 이러한 제도를 제안하는 의도의 저변에 불균형적인 성비를 조절해야 한다는 정책적 뜻이 숨어 있다. 한편 서자들에게도 적자(嫡子)들과 마찬가지로 공정한 사회참여의 기회를 주어야 한다는 것은 의미 있는 지적이다.[30]

이 밖에도 성호는 조선 시대에 도서(島嶼) 및 해안 지방에 여성인구가 많았던 사실을 설명하고 있다.[31] 옛날부터 해안 도서 지방의 경우, 바다로 고기잡이 나간 남정네들이 사고를 당하는 경우가 적지 않았음을 미루어 짐작할 수 있고,[32] 결과적으로 여성 인구비율이 상대적으로 높게 나타나는 경향은 오늘날까지도 이어져서, 도서와 해안 지방에 여성인구가 많다는 지리적 경향으로 설명되고 있다.

이상에서 언급한 입지(立地), 수리(水利)와 치수(治水), 첩 제도를 통한 인구 성비(性比)의 조절, 도서 및 해안 지방에 여성인구가 많아진 이유 등의 설명은 대단히 지리적 성격을 지닌 서술이다. 외적 방어의 입지론 전개는 성호의 영토방위 철학론을 경청하는 것과도 같이 느껴진다. 벽골제를 예로 들어 설명한 수리와 치수의 중요성 설명은 성호의 애민사상이 깃든 수자원 관리 정신을 엿보게 하며,

---

30) 위의 책, p.126.

31) 위의 책, p.126.

32) 이런 이유 외에도 바닷가의 어촌 살림살이는 남정네들보다는 여성들의 노동력을 더욱 필요로 하기 때문이기도 하다. 또한 당시 중앙보다는 해안 도서 벽지는 문명적으로 후진지역이었으며, 덜 문명화된 미개지역일수록 여성노동력이 많아지는 것이 세계적 경향이기도 하다.

첩 제도를 들어 남녀 성비의 인구 정책적 대안으로 제시한 것은 독특한 발상임을 문득 깨닫게 한다. 도서 해안 지방에 여성노동력이 많다는 것은 이미 성호 시대 이전부터 있었던 지리적 보편 경향이었음을 알게 해 준 서술이다.

5. 풍수와 풍속

성호(星湖)는 당시 우리나라 각처에 남아 있는 풍속과 습관 등 색다른 문화가 존재하게 된 이유를 지방의 유풍만이 아니라 문화전파의 주체자로서의 사람들이 이주하여 살게 된 때문이라고 설명한다.[33] 영남 지방의 풍속, 경주 시가지의 구획, 개성의 삿갓과 타래머리, 제주도 사람들의 거친 기질과 사투리 등에 대한 원인을 사람들의 이주에 의한 문화전파 개념의 예로서 설명하는 것과 유사하다.[34]

성호는 풍수상으로 영남 지역은 생기(生氣)가 용(山脈)을 타고 내려와 결실을 맺는 양호한 곳으로 보았다. 그렇기 때문에 좋은 생기(生氣), 즉 지기(地氣)에 힘입어 퇴계, 남명 등 대학자들이 배출되었으며, 이들을 중심으로 이 지역의 유림문화가 꽃피웠고, 여기서 배출되는 인물들이 미래의 국가 환난 시에도 커다란 역할을 할

---

33) 위의 책, pp.126~127.

34) 그리고 당시 개성의 성균관 향교(鄕校)지기 곡(哭)소리까지도 변하지 않은 예와, 발해(渤海)와 글안(契丹)이 망했을 때 그 유민들이 우리나라로 들어왔으므로 서쪽 사람들이 건장하고 힘쓰기를 좋아하는 것이라 보아 옛날 풍속이 남았기 때문인 것으로 설명하였다(민족문화추진회, 국역성호사설(천지문) 1, 1978, p.127).

것으로 보았다.[35] 오늘날의 관점으로 보면, 이와 같은 성호의 지나친 풍수사상의 맹신은 비판의 대상이 될 수 있다.[36] 영남 지역 출신의 거유(巨儒)들이 풍수상의 유리한 지기(地氣) 덕분으로 보는 것은 인간을 환경결정론적인 결과의 존재로만 파악하는 것이며, 후천적 노력의 가능성을 배제하기 때문이다. 성호의 말대로라면 산줄기의 이어짐이 없어서 풍수상의 생기(生氣)가 용(龍: 산맥)을 타고 흐르지 못하는 여타 지역에서는 훌륭한 인물들이 전혀 나올 수 없다는 논리가 되며, 이는 설득력을 잃게 된다. 성호의 의견에 따르자면, 김해(金海), 동래(東萊), 안동(安東), 예안(禮安) 등지는 백두산의 정기가 태백산을 타고 내려와 이른 곳이므로 명현들이 배출될 수밖에 없는 인재의 고장이 되는 셈이다.[37]

성호는 영남 지역 선비들과 농민들의 삶에 대한 내용을 대단히 상세히 많이 알고 있었으며, 영남 지역의 풍속에 대해 매우 좋은 인상을 가지고 있었던 것 같다. 영남 지역 주민들의 삶의 모습을 당시 선비들이나 타 지역 농민들이 본받을 만한 귀감으로 소개하고 있는 동시에[38] 상대적으로 간단하기는 하지만 경기 지역에 대해서는 혹독한 비판을 가하고 있다. 즉 한양(서울)을 중심으로 해서

---

35) 신라 말 이후 고려 시대와 조선 시대에 걸쳐 우리나라에 영향을 미치고 있는 풍수사상에 성호 역시 몰두했기 때문에 이러한 해석을 하고 있던 것으로 추측할 수 있다.

36) 지나치게 풍수지리적 사상 또는 사고(思考)에 함몰하는 것은 곧, 환경결정론(環境決定論)적인 사고의 우월성을 지나치게 인정하는 셈이며, 이는 근·현대에 이를수록 우위를 점하고 비중이 커지는 환경가능론(環境可能論)적인 사고에 정면 대치되기 때문이다. 이렇게 보면, 당시의 성호는 풍수사상에 지나치게 매몰되어 다른 맥락을 보지 못하는 단선적 자연관에서 벗어나지 못한 한계를 보이기도 한다. 풍수사상에 매몰된 면모는 여러 군데에서 눈에 띤다. 즉 김해(金海), 동래(東萊), 안동(安東), 예안(禮安) 등 영남 지역의 주요 마을에 관해 설명할 때에도 이러한 경향을 보인다.

37) 『類選』 卷一下 天地篇下 地理門, 민족문화추진회, 국역성호사설(천지문) 1, 1978, p.323.

38) 민족문화추진회, 국역성호사설(천지문) 1, 1978, pp.260~261.

그 근방의 풍속이 안일과 사치에 흐르고 문벌을 위주로 하는 나쁜 풍속이 있다고 비판하였다.

성호는 『여지승람(輿地勝覽)』의 기록을 바탕으로 김해 지방의 순후한 풍속을 논하고, 정부의 풍속에 순응하는 정책을 촉구하고 있다.[39] 김해(金海) 지방을 포함하는 영남 지역을 중국 주대(周代)에 가장 예의를 숭상했던 노(魯)나라 땅에 비유하여 민간 풍속의 표본으로 삼을 것을 권할 정도였다.

경사(경기도)에 가까운 지방의 사람들은 "일상생활에 있어 말과 행동이 이해(利害) 두 글자에서 벗어나지 않는다."[40]고 혹평하는 반면에, 오직 영남은 옳고 그름이 있어서 일에 정하여진 한계가 있고, 사람에게 정하여진 평가 기준이 있어서 아직도 "한 번 변하면 도(道)에 이르는 노(魯)나라 땅"임을 잃지 않고 있는 곳과 같다고 평할 정도이다.

이상의 서술에서 특정 지역이 지니는 풍속에 대한 성호의 서술은 그곳의 유풍만이 아니라 이주해 온 사람들의 문화전파 영향도 함께한다는 것이므로 문화전달자로서의 사람들의 이동 영향이라는 측면에서 지리적 개념을 담고 있다. 영남 지방에 백두산의 정기가 용(태백산)을 타고 내려온 생기를 품고 훌륭한 인물을 배출했으며 아름답고 예절 있는 풍속을 만들었다는 진술은 풍수사상에 입각한 서술이다. 오늘날의 시각에서 본다면 지나치게 풍수사상에 사로잡힌 사고(思考)라고 볼 수 있다. 영남 지방과 경기 지방에 대한 풍속의 혹독한 비교설명은 바람직하지 않은 측면도 있다.

------

39) 위의 책, p.265.
40) 위의 책, p.266.

6. 방안(方眼) 지도제작과 지명(地名) 유래

지도를 그리는 방법에 있어서, 축소 확대가 자유로운 방안작법(方眼作法)은 오늘날의 지도 학습에서도 그 중요성이 변함이 없는 기본원리이다. 트레이싱 페이퍼를 이용한 지도의 복사(複寫) 방법에 있어서도 그 과정에 소요되는 재료만 다를 뿐 원리에 있어서는 성호가 말하고 있는 방법이나 오늘날의 그 방법이 차이가 없다. 첫째, 콩기름이나 양초를 녹여 먹인 종이, 즉 오늘날의 트레이싱 페이퍼를 원도에 대고 그리는 기법에 대한 설명이 그렇고, 둘째, 방안선 기법으로서 경도와 위도를 상정하듯 가로 세로 방안을 만들어 원도를 크게 확대하거나 축소시켜 그리는 기법의 설명이 그러하다.[41]

과거 우리나라의 국호인 '조선'과 더불어 선택 대안으로 제시되었던 '화령(和寧)'이란 국호는 우리 고유의 지명으로부터 근거하여 만들어졌던 것임을 설명하였다.

"모든 나라의 칭호는 흔히 그 근본을 따랐으니, 잊지 않기 위함이다. 우리나라가 국가를 건설하고 조선과 화령(和寧) 두 가지 칭호를 가지고 중국에 요청하였는데 현재의 칭호, 즉 조선으로 정해진 것은 명나라 황제의 명령에 의한 것이다. 화령이란 무엇인가? 국경 밖에도 이 명칭이 있었으나 이것은 요청할 바가 아니었다. 고려 식화지(食貨志)에 보면 신우(辛禑) 9년에 우리 태조가 국경을 안정케 하는 건의를 올렸는데, '동북 일대의 주·군(州郡)은 땅이 좁고 메마르지만 화령만은 도내(道內)에서 땅이 넓고 비옥하다.' 하였고, 공양왕(恭讓王) 3년에 화령판관(和寧判官)이란 말이 있었으며, 또 동쪽 지역에 화주(和州)가 있었는데 공민왕 18년에 승

---

41) 위의 책, pp.58~59.

격시켜 화령부로 만들었으니, 화령부는 곧 지금의 영흥(永興) 땅으로 선원전(璿源殿)이 있다. 이곳은 태조가 일어난 곳으로 이른바 적전(赤田)이란 것인즉 화령의 칭호는 반드시 이곳을 가리킨 곳이니, 고증해 보아야 할 것이다."(민족문화추진회, 국역성호사설(천지문) 1, 1978, 128쪽)

　　장소와 지역의 이름은 전통적인 지명의 기원을 살펴 근본을 따라 뜻을 이어가거나 만들어지는 것의 의미와 그 보전 중요성을 알게 해 주는 내용이다. 한편, 금강산을 돌아보고 그 명칭의 유래와 일만 이천 봉 봉우리 수를 일반인들이 그대로 믿는 것에 대한 터무니없음을 지적하고 있다.[42] 금강산의 본래 이름은 '풍악(風嶽)'이었으며 불경의 말을 따서 '금강'이란 이름이 붙었다는 산의 이름과 봉우리 수에 대한 정확한 고증을 하였다. 이는 성호의 우리나라 산천에 대한 정확한 이름 유래를 알고, 옳게 부르며 지켜 나가기를 바라는 마음에 바탕을 두고 있음을 알 수 있다.

　　지구상의 위치 설정의 기준은 '경위선 망의 설정'이라 할 수 있다. 따라서 지도제작의 가장 기본적인 원리는 경위선망의 축소판인 방안(方眼)을 바탕으로 지도를 그려 넣음으로써 지도를 크거나 작게 마음대로 그릴 수 있는 지도 작법이다. 놀랍게도 성호는 방안지도 제작법, 즉 정간작법(井間作法)의 원리를 자세히 설명하고 있다. 그리고 국호가 만들어지기까지의 '조선(朝鮮)'과 '화령(和寧)'의 대안이 있었다는 것과 그 대안으로 제시된 국호는 전통과 향토애를 바탕으로 한 장소 지명의 유래를 가진 점을 강조했다. 아울러 장소에 대한 지명은 정확한 정보와 사실성에 바탕을 두고 명명되어야 한다는 주장은 지리적으로 대단히 의미 있는 진술이다.

---

42) 위의 책, p.192.

7. 북방 강역(疆域)에 대해

성호는 우리나라 북방 강역에 대해서도 깊은 관심과 애정을 가지고 있었던 것 같다. 관련 내용에 대한 고증을 통해 여진, 두만강 일대의 쟁계(爭界), 폐사군(廢四郡) 강역, 안시성 등 과거 우리 강역에 대해 거론하고 있다.[43]

우선, 우리의 북방을 괴롭혔던 여진에 대해서 지대한 관심을 가지고 근원을 밝히려 하였다. 여진은 말갈(靺鞨)의 후속 변방국으로 보고, 여진은 다시 동여진, 서여진, 북여진으로 세분하여 설명하고 있다.[44] 여진족, 특히 서여진은 우리 민족과 여러 가지로 관계가 깊은 민족이었음을 알게 해 준다. 동여진의 종족으로 우리에게 이름이 익숙한 오랑캐, 오디개, 니마거 등의 종족을 밝혀 분류한 점 등은 돋보인다.

성호는 두만강 일대의 국경선 지역에 대해서도 깊은 관심을 가지고 있었다. 두만강과 토문강이 같은 것인지 다른 것인지는 오늘날까지도 한국과 중국 사이에 논란을 빚고 있는 부분이기도 하다.[45] 아래의 인용문에서 보이듯, 성호는 북방의 국경선 설정에서

---

43) 삼한, 한사군, 예맥, 옥저, 읍루(挹婁), 패수(浿水), 살수(薩水), 비류수, 울릉도, 안시성, 발해 황룡부, 철령위, 윤관비, 가도(椵島), 동삼성(東三城), 폐사군(廢四郡), 여진, 대마도 정벌 등의 소재와 문제점 등에 두루 관심을 기울였지만, 본 절에서는 북방 강역에 범위를 제한하여 다룬다.

44) 민족문화추진회, 국역성호사설(천지문) 1, 1978, pp.166~167.

45) 1712년 세워진 백두산정계비에서 당시 조선과 청의 국경으로 정한 '토문강(土門江)'에 대해 지금까지 중국은 두만강과 같은 강이라고 주장해 왔지만 토문강이 두만강과 분명히 구분되는 별도의 강이라고 기록한 중국 정부의 공식문서 '중·조 변계의정서(1964년 3월)'가 중국에서 발견되었다.

우리나라의 관리들이 고증을 철저히 하지 못하고 과거의 넓은 영토를 포기하고 내부로 좁혀 들어 설정하는 것에 대해 불만을 가지고 지적하였다.

"북방의 국경은 두만강으로 경계선을 삼고 있다. 그런데 고려 시대에 윤관(尹瓘)의 비(碑)가 선춘령(先春嶺)에 있고 선춘령은 두만강 북쪽 백리 밖에 있는데 무슨 까닭으로 지난번에 국경선을 정할 때 두만강의 원류(源流)만을 찾았는지 알 수 없다. 두만강이란 것은 바다로 들어가는 위치를 말한 것이니, 토문(土門)이라고 하는 곳이 바로 여기인데, 어음이 비슷해서 와전된 것이다. 백두산의 물이 이리로 모여드는데, 만일 토문에서 여러 물의 근원을 따라 올라간다면 지금 강 북쪽에 있는 지역은 모두 우리의 소유이며 선춘령도 그 안에 포함된다."(민족문화추진회, 국역성호사설(천지문) 1, 1978, p.129)

한편, 성호는 윤관(尹瓘)이 육성(六城)을 설치하고 우리의 강역을 넓혀 비(碑)를 세운 것과 후에 김종서(金宗瑞)가 두만강을 경계로 후퇴하여 국경 경계를 삼은 것을 비교하여 설명하면서, 나중 조선과 중국 사이의 경계를 정할 때에 올바른 경계선을 되찾지 못한 것에 대하여 따끔하게 지적하고 있다.[46] 소손녕(蘇遜寧)과 담판할 때의 서희(徐熙)처럼 역사적 사실을 증거로 당당히 맞서 우리의 강역을 지켜 내지 못하는 것에 대한 불만과 아쉬움을 나타내고 있다.

과거 폐사군(廢四郡)이 있던 지역은 오늘날 북한의 압록강 주변 양강도와 자강도 및 중국의 땅에 걸쳐 분포했던 지역이다. 백두산과 개마고원을 지척에 둔 변방 지역이며 심산유곡이 많은 대단히 깊은 마을들이다. 이들 지역의 명칭과 폐군 처리된 경위, 행정소속

---

46) 민족문화추진회, 국역성호사설(천지문) 1, 1978, p.212.

의 변화 등을 소상히 밝히고 있다.[47] 원래 토지가 비옥하고 사람들이 살 만한 곳이었으므로 야인들의 약탈과 살인 등을 일삼던 이 지역의 형편이 안정화되면 되찾아서 적절하게 이용하여야 할 땅임에도 불구하고 후대에서 이를 전혀 관심을 기울이지 않는 것에 대해 한심스럽게 생각하고 있다. 성호의 우리나라 강역에 대한 깊은 사랑과 관심을 느낄 수 있다.

우리나라 역사에서 '안시성 싸움'으로 유명한 안시성이 오늘날 중국의 봉황성을 일컫는다는 다음의 인용문은 우리로 하여금 경각심을 갖게 한다.

> "……(전략) 또 고찰해 보면 안시성(安市城)은 곧 지금의 봉황성(鳳凰城)이다. 봉황을 우리나라에서 '아시새(阿市鳥)'라 한다. 이 아시와 '안시(安市)'가 음이 비슷하므로 그렇게 명칭이 붙여진 것이다. 지금 중화군(中和郡)에 안시성이 있는데 명나라의 사신 진가유(陳嘉猷)가 시를 지어 이 사실을 기록하였다. 이것은 우리나라 사람들이 잘 모르고 전한 것을 인습하여 지은 것인데 그 잘못을 바로잡지 못하였으니 우스운 노릇이다. 뒷사람들이 잘못된 것을 그대로 받아 내려오는 것으로 이와 비슷한 것이 많다."(민족문화추진회, 국역성호사설(천지문) 1, 1978, p.132)

이와 같은 설명은 이미 연암 박지원의 '열하일기'에서도 지적된 바 있다.[48] 연암과 마찬가지로 성호 역시 후대의 사람들이 잘못된

---

47) 『林下』 券十三 文獻指掌篇三 · 廢四郡議 · 北廢郡故事.「五洲」 卷二十九 廢四郡本末辨證說, 민족문화추진회, 국역성호사설(천지문) 1, 1978, p.220.

48) 『열하일기』에 보면, "때마침 봉황성을 새로 쌓는데 어떤 사람이 '이 성이 곧 안시성이다.' 한다. 고구려 시대 방언에 큰 새를 '안시'라 하니, 지금도 우리 시골말에 봉황을 '황새'라 하고 뱀을 '배암(백암)'이라 한 것으로 보아, '수당 때에 이 나라 말을 따라 봉황성을 안시성으로……'라는 글이 들어 있다."(『渡江錄』, 6월 28일, 나랏말씀 7 열하일기, 솔: 서울, 61쪽). 손용택, 2004, '열하일기'에 비친 연암 박지원의 지리관 일고찰(Ⅰ), 한국지역지리학회지 제10권 제3호, 502쪽 참조.

것을 밝혀 바로잡지 않고 인습적으로 그대로 방치하여 내려오는 것에 대하여 못마땅해 하고 있다. 안시성이 곧 봉황성이라면 옛 고구려의 영토가 현재의 봉황성이 있는 영역까지 확대되는 것을 의미하는 것이며, 이는 반드시 짚어 보아야 할 중요한 정보라고 할 수 있다.

이상의 내용을 통해 성호는 우리나라의 강역, 특히 북방의 강역 중 옛 우리 영토에 대한 강한 애착을 가진 학자였음을 알게 해 준다. 아울러 성호가 걱정한 당시 또는 후대의 사람들이 북방영토 문제를 분명히 짚어 놓지 않은 불씨는 결국 최근 들어 일본의 역사왜곡과 동해에 대한 일본해 표기 문제, 독도를 일본령 죽도로 표기하여 한일 간 영토분쟁화되고 있는 일, 그리고 한국과 중국 사이에 뜨겁게 달아올랐던 만주 지방(중국 동북삼성 지방)을 둘러싼 동북공정 문제 등으로 확대된 셈이다. 오늘날 우리나라와의 사이에 이웃한 일본 및 중국과의 영토 분쟁은 이미 성호가 예견했던 것이라 해도 과언이 아니다.

8. 제주도와 울릉도, 근린국 일본

제주도와 울릉도, 그리고 이웃 국가 일본에 대한 그의 묘사는 지리학의 전통 기술 방법으로서의 지지적(地誌的) 기술 패턴을 보여 준다.

성호는 제주도가 육지로부터 어느 정도의 거리에 있으며, 그 규모와 옛 이름, 그리고 한라산 꼭대기의 화구호(火口湖), 한라산의 높이에 대한 간접적인 서술과 산세의 험준함, 주요 마을인 제주(濟州)와 대정(大靜) 그리고 정의(旌義) 등의 위치를 알기 쉽게 설명하고 있다.[49] 지리학자가 아닌 성호의 묘사로서, 당시 제주도를 소개하기 위한 훌륭한 지지(地誌)적 서술이라 아니할 수 없다. 한편, 제주도의 북서쪽에 있는 작은 섬 비양도(飛颺島)에 대해서도 자세히 설명하였다. 매우 작은 섬 비양도를 어떻게 성호가 알고 서술했는가에 대해 궁금증까지도 갖게 된다. 이렇듯 작은 지역단위에 대해 서조차 관심을 기울인 것은 성호의 지리적 호기심이 대단함을 말해 준다.[50] 비양도의 또 다른 이름(異名)과 위치 및 크기, 이 섬이 생성되기까지의 과정, 지질 구조에 대한 설명에서 현무암괴의 모양을 보고 '수포석(水泡石)처럼' 이라고 표현한 점 등 그 표현이 대단히 사실적이고 구체적이다. 한마디로 훌륭한 지지(地誌)적 서술이며 묘사라고 할 수 있다.

한편 성호는 울릉도에 대해서도 대단히 자세히 설명하고 있다. 울릉도의 옛 이름과 육지로부터의 거리, 그동안의 울릉도 관리 정책 등에 대해서도 훌륭한 역사·지리적 고증을 하며 설명하고 있다. 특히 일본 왜구들의 분탕질에 대해 자세히 논하고 있으며, 울릉도를 둘러싼 한·일 간의 분쟁 문제에 대해서도 역사적 과정을 소상히 밝혀 그 옳고 그름을 가려 설명하였다. 그리고 그 명칭이 어떻게 변화해 왔던 간에 울릉도 및 그 부속 도서들은 의당히 우리나라의 영토임을 단호하게 주장하고 있음은 영토의 영유권을 확실

---

49) 민족문화추진회, 국역성호사설(천지문) 1, 1978, p.121.
50) 위의 책, p.120.

히 한다는 점에서 깊은 의미를 가진다.[51] 다음은 울릉도에 대한 성호의 인용문이다.

> 울릉도는 동해 가운데 있는데, 우산국(于山國)이라고도 한다. 육지에서의 거리가 7백 리 내지 8백 리쯤 되며, 강릉삼척 등지의 높은 곳에 올라가 바라보면 세 봉우리가 가물거린다.(중략) ……조선 시대에 이르러 죄인들이 도망해 와서 사는 자가 많으므로 태종(太宗)과 세종(世宗) 때에 낱낱이 수색하여 모두 잡아 온 일도 있었다. 『지봉유설(芝峰類說)』에, "울릉도는 임진왜란 후에 왜적의 분탕(焚蕩)과 노략질을 겪어 다시 인적이 없었는데, 근자에 들으니 왜적이 의죽도(礒竹島)를 점거했다 하며, 혹자의 말에 의죽도는 곧 울릉도라 한다." 하였다. 왜인들이 어부 안용복(安龍福)이 월경(越境)한 일로 인하여 와서 쟁론할 때 『芝峰類說』과 예조(禮曹)의 회답 가운데 '귀계(貴界)'니, '죽도(竹島)'니 하는 말이 있는 것으로 증거를 삼았다. ……(중략)…… 우릉도(羽陵島)라고 하든, 의죽도(礒竹島)라고 하든, 어느 칭호를 막론하고 울릉도가 우리나라에 속하는 것은 너무나도 분명한 일이며, 그 부근의 섬도 또한 울릉도의 부속에 지나지 않는 것이다(하략)."(민족문화추진회, 국역성호사설(천지문) 1, 1978, pp.287~288)

나아가 성호는 이웃나라 일본이 바다 가운데의 도서국이므로 외부 세계로부터의 일본침략이 쉽지 않았음을 역사적 사건들을 들어 살폈다. 중국 원(元)나라 대군의 일본침략 시도가 큰 바닷바람을 만나 절멸의 위기까지 큰 타격을 입었으며, 우리나라에서도 고려 충렬왕 당시 김방경(金方慶) 등이 몽고병·만병(蠻兵)과 합세하여 일기도((日岐島)를 공략하려다 실패했고, 조선 시대에 이르러 이종무(李從茂)를 보내 대마도를 토벌하여 공적을 남겼다. 하지만 우리나

---

51) 부속도서 가운데 일정 거리에 떨어져 있는 독도에 관한 서술은 특별히 보이지 않는다. 제주도의 작은 부속도서 비양도(飛暘島)에 대해서도 자세히 설명한 성호가 울릉도의 한·일 간 분쟁 문제에서 안용복(安龍福)을 거명하면서까지 독도 이야기를 언급하지 않은 것은 다소 뜻밖이다.

라가 시도했던 일기도(日岐島)나 대마도 정벌은 모두 일본의 바깥 섬에 불과했기 때문에 그들의 변경을 넘어 본토까지 한 번이라도 들어간 적이 없었다. 성호는 이와 같이 일본이 바다 가운데의 섬나라이기 때문에 외부의 침략 위협으로부터 격리되어 있을 뿐만 아니라 면적도 제법 넓어 대체로 살기 좋은 낙토(樂土)로 보고 있다.[52] 하지만 일본 내에서도 사병(私兵) 군대를 끼고 서로 다투고 있으므로 마침내는 통일되는 시기에 가서야 비로소 걱정이 없어질 것으로 정세를 판단하는 등,[53] 당시 일본 국내의 내부 사정이 조용하지만은 않다는 점을 잘 알고 있었던 것 같다.

그리고 당시 일본에서 화산폭발과 지진이 빈발하여 피해가 컸던 상황을 매우 생생하게 묘사하고 있다.[54] 지축이 흔들리고 건물이 무너져 수많은 사람이 죽음을 당하고, 땅이 꺼져 순식간에 아수라장이 되어 버린 사실과 땅속 깊은 곳에 텅 빈 공동이 생겼으며, 화산이 폭발한 곳에서는 뜨거운 용암이 흘러내리는 등 참담한 정황을 그림처럼 묘사하고 있다. 지진이 발생하고 화산이 폭발하는 상황을 이보다 더 이상 잘 묘사할 수 있을까? 이렇게 치밀한 묘사와 기록으로 보면 당시 일본의 지질과 지각변동에 대한 사실을 매우 분명하고 정확하게 알고 있었음을 미루어 짐작할 수 있다.

이상에서 논한 것처럼 울릉도와 제주도, 그리고 제주도의 부속도서인 비양도, 이웃나라 일본에 대한 지지(地誌)적 서술은 그 묘사의 치밀함이 매우 뛰어나다. 제주도와 일본은 마치 여행을 직접 한 후

---

52) 민족문화추진회, 국역성호사설(천지문) 1, 1978, p.160.
53) 위의 책, p.160.
54) 위의 책, p.98.

후기를 쓰고 있는 것처럼 현실감이 느껴진다. 울릉도에 대한 서술에서는 왜구의 침입에 대한 영토 방위의 분명한 정신을 공감하게 하고, 안용복에 대한 설명은 나라사랑의 마음을 일깨우기까지 한다.

9. 요약 및 결론

본 연구는 성호의 대표적 저서인 『성호사설』의 천지문(天地門)을 대상으로 분석한 것이다. 천지문에 나타난 지리 관련 주제들과 내용을 발췌하고, 오늘날의 지리내용 분류체계에 준해 내용별로 묶어 정리 서술하며 해석하였다. 지리 관련 주제와 내용들에 대한 논의와 해석과정을 통해 성호가 지녔던 지리적 사고(思考)를 알아내고 이를 통해 『성호사설』에 나타난 지리관을 도출하기 위한 것이다. 연구의 결과를, 서론부의 연구의 내용에서 제시한 순서에 준해서, 요약 정리하면 다음과 같다.

첫째, 『성호사설』의 천지문을 통해 본 성호의 지리적 관심은 다양한 주제에 걸친다. 산맥, 카르스트 지형, 지하수의 분출, 기후 요소, 절후(節侯), 입지(立地), 수리(水利)와 치수(治水), 인구 성비(性比), 풍수사상과 풍속, 지도와 지명, 북방 강역, 제주와 울릉 도서 지방, 이웃나라 일본 등 다양한 지리적 주제와 내용을 담고 있다.

둘째, 성호의 지리 관련 내용에 대한 성찰과 깊이는 주제별로 차이가 인정된다. 카르스트 지형으로서의 석회동굴에 대한 지리적 묘사는 그 치밀함에서 전공자를 무색하게 할 만큼 사실적이고, 지하

수의 분출인 샘과 우물에 대한 원리 설명은 매우 과학적이다. 기후
요소인 비에 대한 설명은 추상적이지만 전선성 강우의 깊은 원리
를 꿰고 있으며, 여덟 방향의 바람에 대한 고유명칭 설명과 72절후
의 설명은 매우 토속적이고 지리적이다. 입지조건의 으뜸을 방어기
능에 두고 전개하는 성호의 입지에 관한 철학은, 춘천의 전략적 입
지설명과 규모의 경제 개념을 품은 도성(都城)의 입지 설명에서보
다 확연해진다. 벽골제 저수지의 중요성과 용미거(龍尾車) 수차 도
구의 활용 권장은 수리치수의 중요성을 깨우쳐 주기에 충분하며
방안(方眼)을 이용한 지도의 제작원리 및 콩기름 종이를 이용한 지
도의 복사 설명, 그리고 지명표기의 정확성에 대한 필요성 강조는
지리학 전공자의 사고(思考)에 가깝다. 제주도와 울릉도 및 이웃나
라 일본에 대한 서술은 훌륭한 지지적 서술묘사 그 자체이다.

셋째, 『성호사설』 천지문을 통해 이상에서 언급한 지리 관련 주
제들이 성호의 관심을 대변하며 다루어졌는지 그 이유를 생각해 보
면 다음과 같다. 기후요소와 절후, 입지 및 수리와 치수, 지도와 지
명 등에 대한 주제와 설명은 당시의 실학지식에 대한 강한 수요를
말하여 주는 것이 아닐까 판단된다. 대체로 실생활에 필요한 생활지
식과 외적방어와 행정에 필요한 전략행정지식 내용을 담고 있는 주
제들이다. 산맥을 용(龍)으로 보고, 백두산에서 태백산맥을 거쳐 생
기(生氣)를 몰고 오는 끝자락을 영남 지역으로 보고, 이곳에 걸출한
인물이 배출되고 아름다운 미풍양속이 꽃핀 이유를 풍수지리와 연
결시켜 설명하고 있다. 이에는 다소 지나치고 과장된 면이 있으며,
풍수사상이 만연했던 시대적 정신을 반영한 것인지도 모른다.

첩(妾) 제도를 통한 인구 성비(性比)의 조절 대안책 제시는 그 발

상 자체가 괴상하고 기발한 면이 있으며 시대상의 사회적 문제를 인구 정책적 대안으로 승화시키려는 노력의 일환으로 느껴지기도 한다. 끝으로 북방 강역에 대한 자세한 서술과 울릉도에 대한 설명은 성호의 지극한 국토애와 애국심을 보여 주는 동시에, 제주도와 비양도 및 이웃나라 일본에 대한 세밀한 지지적 묘사는 당시 서민들의 미지세계에 대한 지리적 호기심을 충족시켜 주는 방편으로도 추정해 본다.

넷째, 『성호사설』 천지문에 보이는 지리 관련 주제의 범주와 내용의 깊이는 오늘날의 그것에 비할 바는 아니다. 산지 지형과 하천 지형이 모두 중요하게 다룰 만한 것이지만, 천지문에서는 하천지형에 대해 별반 내용이 없다. 산지 지형에 관해서도 산맥을 생기가 흐르는 용(龍)으로 표현하여 풍수적 측면에서만 언급했을 뿐이다. 수자원 관리와 관련해서는 벽골제를 들었으나 특별히 바다 및 호수(자연호, 인공호)에 대한 설명은 없다. 입지(立地) 및 지도와 지명, 울릉도와 제주도, 일본에 대한 주제(topics) 설정은 대단히 지리적이다. 설명에 있어서도 완전하다고는 할 수 없으나 중요한 지리적 원리 또는 개념을 정확하게 짚음으로써 예리함과 함께 내용의 무게를 느끼게 해 준다. 이 밖에도 '지리적 가치는 변할 수 있다', '풍속과 풍습은 사람의 이주에 따라 전파되기도 한다', '도서 및 해안 지방에는 여성인구(노동력)가 많다'는 등의 간단한 논지들은 일반화시킬 수 있는 오늘날의 지리개념들과 거의 통할 정도로 와 닿는다. 풍수에 관한 내용은 오늘날의 합리성으로 보면 설득력이 부족하다.

마지막으로, 그렇다면 『성호사설』 천지문에 나타난 지리관, 즉 성호의 지리적 사고(思考)는 무엇인가? 성호는 오늘날의 일반인 기준으로 본다면 지리적 사고(思考)가 깊고 매우 박식한 사람이다. 구사하는 지리용어는 그렇다 치더라도 석회동굴에 대한 지리적 묘사, 샘과 우물에 대한 과학적 원리 설명, 비가 만들어지는 원리 통찰과 쉬운 설명, 방어 입지의 논리 분명한 설명과 도성(都城)의 규모경제에 입각한 입지설명, 용미거(龍尾車) 수차 도구의 활용과 저수지 축조 등 수리치수의 중요성 설명, 방안(方眼) 지도 제작원리 및 정확한 정보에 기초한 지명의 중요성 등의 언급은 전공자의 사고(思考)와 크게 동떨어지지 않는다. 지역에 대한 지지적 묘사는 때로 정치한 수준에 이르며, 보편적 지리개념에 가까운 논리의 일반화 수준의 언급은 지리적 사고(思考)의 깊이를 알 수 있게 해 준다. 풍수사상과 지리에 몰두하여 지역 풍속과 인물을 설명함은 오늘날의 합리적 시각에서 볼 때 옥에 티다. 이러한 점은 당시 풍수사상이 만연한 시대정신의 소산일 수도 있다. 천지문의 지리 관련 주제들은 결국 기후요소, 수리시설 등 실생활의 생활지식과 입지, 지도, 북방 강역에 대한 지식 등 외적방어와 행정에 필요한 전략행정지식으로 묶을 수 있다. 북방 강역과 울릉도의 설명은 국토애와 애국심을 반영한다. 제주도와 비양도, 이웃나라 일본 등에 대한 사실적 묘사는 당시 서민들의 미지세계에 대한 지리적 호기심을 충족시키는 대변의 글로도 볼 수 있다.

요컨대, 『성호사설』 천지문에 나타난 지리적 사고(思考)는 일반인 수준 이상의 심오한 부분이 있다. 물론 전문적 지리 저술이 아닌 만큼, 주제나 내용에 대한 접근 방법이 구조적이지 못하거나 짜임새에서 허술한 부분도 있다. 그럼에도 불구하고 기후요소, 수리(水利), 지도(地圖)작법 등의 설명, 정확한 지명(地名) 명명의 필요

성 주장, 제주도와 울릉도 및 이웃나라 일본에 대한 치밀하고 사실
적인 지지적 기술 등은 지리 관련 주제(topics)들의 훌륭한 포착이
다. 풍수사상에 입각한 풍속설명과 첩(婕) 제도를 통한 인구 성비
조절 대안은 다소 합리성이 결여된 부분이 있으나 당시의 시대정
신과 사회상의 소산으로도 추측해 볼 수 있을 것이다.

제2장

박제가의 『북학의(北學議)』

1. 서론

박제가의 스승 박지원은 '양반'을 정의하여 "양반은 사족(士族)의 존칭이다."[1]라고 하고, 또한 "양반이란 명칭이 많아서 독서하면 士라 하고, 벼슬하면 大夫라 하고, 덕이 있으면 君子라 하는데, 武官은 서쪽에 서고 文官은 동쪽에 서게 되어 양반이라 하였다."[2] 박제가도 스승 박지원의 개념과 동일한 양반의 개념을 가졌던 것으로 보인다.[3] 박제가의 저서에서도 양반이 또한 士族, 士大夫, 士, 儒 등으로 기록되어 나온다.

박제가는 당시 우리나라 양반신분을 매우 폐단이 많은 신분이라고 보았다. 박제가가 당시 우리나라의 양반신분제도의 폐단으로서 특히 강조하여 지적한 몇 가지를 들어 보면, 첫째, 우리나라의 양반·사족은 놀고먹는 遊食者層이어서, 놀고먹을 줄만 알지 일할 줄을 모르는 신분층이라고 그 폐단을 비판하였다. 그에 의하면, 사대부는 오히려 遊食을 할지언정 일하는 바가 없는 신분층인 것이다. 박제가는 양반신분이 공업이나 상업은 물론이요 농업에도 종사하지 않고 놀고먹기만 하는 유식자층으로 된 것이 가장 큰 폐단이라고 지적하고, '놀고먹는 양반'을 '나라의 큰 좀벌레(蠹)'라고 혹독하게 비판하였다.

---

* 본 연구는 2007년도 한국학중앙연구원의 과제로 수행되었음.

1) 朴趾源, 『燕巖集』, 권 8, 傳, 兩班傳의 '兩班者 士族之尊稱也.'(愼鏞廈, 1997, 조선후기 실학파의 사회사상연구, p.373 각주 재인용)

2) 『燕巖集』, 권 8, 傳, 兩班傳의 '維厥兩班 名謂多端 讀書曰士 從政爲大夫 有德爲君子 武階列西 文秩序東 是爲兩班.'(愼鏞廈, 1997, 조선후기 실학파의 사회사상연구, p.373 각주 재인용)

3) 愼鏞廈, 1997, 조선후기 실학파의 사회사상연구, p.373.

> 무릇 놀고먹는 자는 나라의 큰 좀벌레(蠹)입니다. 놀고먹는 자가 날로 증
> 가하는 것은 士族이 날로 번성해지기 때문입니다. 이 무리가 거의 온 나라
> 에 퍼져 있어서 한 줄 科宦만으로도 이들을 다 묶어 낼 수 없는 것입니다.[4]

박제가는 어렸을 적부터 고운(孤雲) 최치원(崔致遠)과 조선시대 선조 때의 학자이며 의봉장이었던 중봉(重峰) 조헌(趙憲)의 사람됨을 사모하여 그들에 관한 문헌들을 탐독하고 그들의 생각에 깊은 공감을 하였다. 우리가 알고 있는 것처럼 최고운은 당나라에 가서 진사(進士)가 된 다음 본국으로 돌아와서 신라의 풍속을 혁신시켜 중국과 같이 문명을 진보시킬 것을 생각한 선각자였기 때문이고, 중봉은 질정관(質正官)으로 연경에 다녀왔는데, 그가 지은 동환봉사(東還封事)는 매우 정성스런 내용을 담고 있으므로, 읽고 사모하게 된 것이다. 이처럼 어렸을 때부터 후에 북학파의 거두 실학자가 될 자질을 이미 갖추고 있었음을 알 수 있었다.

박제가는 조선시대 실학사상을 대변하는 대표적 학자 가운데 한 사람이다. 성리학과 유교주의로 점철된 조선시대의 갑갑한 상황에 대해 박제가, 박지원, 홍대용 등 당대의 실학자들은 새로운 문물을 중국으로부터 받아들여 구습을 탈피하고 새로운 문명에 접할 것을 주장하였다.

1) 연구목적과 내용, 방법

본 연구는 박제가의 대표적 저서인 『북학의』를 분석하고, 당대에

---

4) 『北學議』, 丙年 典設暑別提 朴齊家所懷의 '夫遊食者 國之大大蠹也 遊食之日滋 士族之日繁也 此其爲徒 殆遍國中 非一條科宦新所盡羅縻也.'

조선 실학자들의 사고와 한국과 중국 간의 문화와 경제교류 내용을 살펴 당대의 청류(靑流)를 우리들은 어떻게 바라보았고, 그를 수용하고자 노력하였으며, 당대 우리 문화와 경제에 어떻게 접목시키고자 했는가를 살피고자 함에 있다. 본 연구를 통해, 오늘날의 우리 한류(韓流)는 아시아 지역에 영향을 미치고 있음에 비추어, 시대를 거슬러 올라간 과거와 오늘날의 상호 교류의 파장은 공급처와 수요처의 입장을 바꿔 가며 지구촌 각 지역의 경제와 문화를 발전시키고 있음을 확인해 볼 수 있다.

본 연구의 연구내용 및 방법은 다음과 같다.

첫째, 북학의에 나타난 경제지리 관련 내용을 추출한다.

둘째, 경제지리 관련 내용들을 주제별로 분류, 정리한다.

셋째, 북학의에 담긴 경제지리 내용들의 당시 시대적 의미, 가치를 음미한다.

넷째, 주제별로 분류, 정리된 내용들을 현대의 경제지리적 관점에서 해석한다.

다섯째, 이상의 내용들을 종합하여 『북학의』에 비친 경제지리 내용의 성격과 의미, 가치 등을 중심으로 결론을 도출한다.

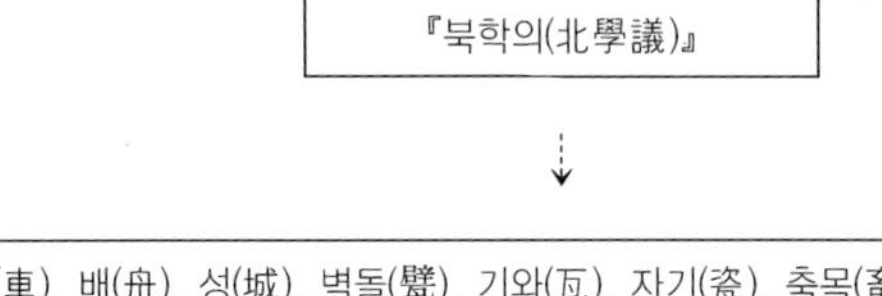

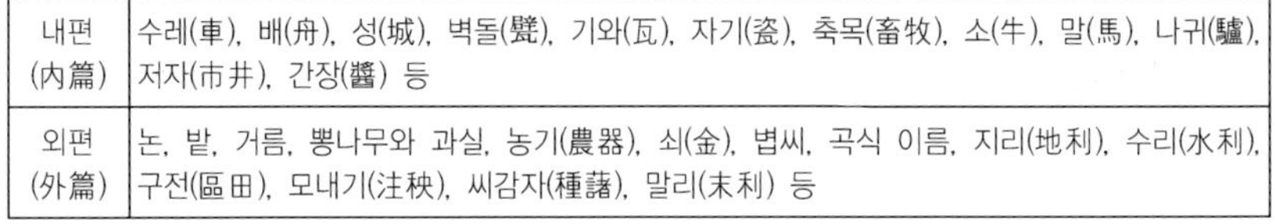

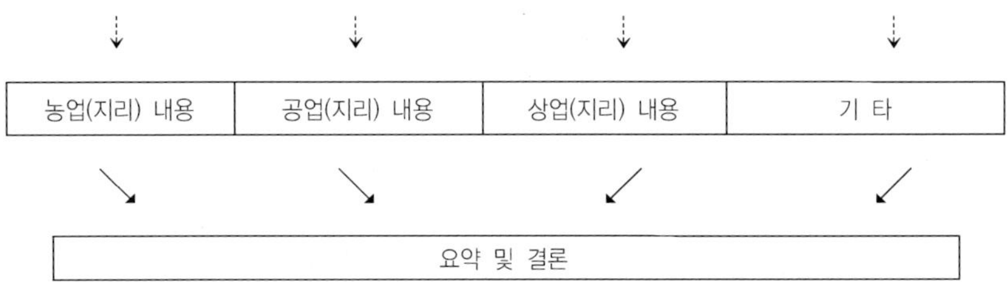

<그림 1> 연구의 설계

2) 선행연구 검토

조선후기 실학서에 비친 지리적 관점을 연구한 것은 그리 많지 않다. 여기서는 연구자의 선행 연구인 다산 정약용의 『목민심서』에 나타난 경제지리적 관점, 『성호사설』의 지리관 고찰, 『열하일기』를 통해 본 청조의 제도, 문물, 경제 내용을 고찰한 연구 등을 소개하고자 한다.

『목민심서』의 경제지리적 관점을 본 손용택의 연구(손용택, 2004)는 농업경제와 입지론을 포함한 지리지식의 당대의 현실적 활용에 주목한 연구이다. 다산 정약용은 18세기 후반의 조선왕조 후기를 대표하는 실학자이다. 정약용의 『목민심서』의 지리적 가치와 담고 있는 다산의 지리적 사고 내지 철학에 대한 종합적 조명을 통해,

속에 담긴 지리관을 알아보는 것에 연구의 목적을 두었다.『목민심서』에서 실학자 정 다산의 지리적 관심은, 지리 지식을 실학의 실용적 지식으로 보고 있고, 이러한 실용적이고 유용한 지리 지식을 바탕으로 농촌사회를 경제적으로 부유하게 만들기 위해 끊임없이 노력하였다. 특히 권농정책에 대한 지대한 관심은 토지정책과 영농기술, 농구제작, 주요 과일의 분업적 전문생산, 농촌사회에서의 부업장려 등 농업경제의 활성화 방안에 두루 이르렀다. 목민관으로서의 다산의 주요 관심과 사상의 흐름은 현실세계에 대한 개혁적 대안을 제시하여 부국과 민생의 안정을 도모하고자 하는 데 있다. 따라서 지리 지식 내지 지리적 사고에 대한 그의 생각은, 이러한 목적을 달성하기 위해 반드시 알아야 할 필수적인 것으로 보았다. 그의 지리적 식견과 이해는 오늘날의 그것과 비교해 보아도 손색이 없을 정도로 중심을 꿰뚫는 논리적 명쾌함과 정확한 지리적 사고에 바탕하고 있음을 알 수 있다. 다산의 지리적 사고와 지리관은 당대의 농촌주민들의 생활에 개혁적 변화를 유도한 것이며, 행정관으로서의 리더십을 빛나게 만드는 실사구시적 도구로 충분한 역할을 했다고 볼 수 있다.『목민심서』를 통해 목민관은 민간산업의 자유로운 활동을 적극 보호하되 그것은 국가 재정체계와 직결된 합법적인 형태의 것이 되도록 해야 하는 한편, 노동의 분업과 기술개발을 위하여 많은 노력을 기울여야 한다고 역설하였다. 청사(廳舍)의 보수와 환경미화에도 관심을 기울였다는 사실은 간접적으로 그의 환경관을 알 수 있게 해 주며, 상공업 활동에 필요한 도로(道路)개발을 서두를 것을 권장한 것은 그가 이미 상대적 입지의 중요성을 충분히 알고 있었음을 알게 해 준다.

『성호사설』의 지리관을 고찰한 연구(손용택, 2006)는 성호의 대표적 저서인 『성호사설』의 천지문(天地門)을 대상으로 여기에 나타난 지리관을 도출하기 위해 지리 관련 주제와 내용을 발췌하여 분석한 것이다. 전공 지리학자의 저술이 아닌 만큼, 주제 내용에 대한 접근 방법이 구조적이거나 심오하다고는 볼 수 없다. 백두산－태백산－두류산의 맥을 따라 흐르는 기(氣)가 영남 지역의 풍속과 인물배출에 영향을 미쳤다고 단정하는 서술은 풍수지리사상에 매몰된 듯한 인상을 준다. 방어기능의 중요성만을 강조한 입지 설명도 지적할 만하다. 그러나 기후요소, 수리(水利), 지도(地圖) 작법 등의 설명, 유래와 정보가 정확한 지명(地名) 명명의 필요성 주장, 제주도와 울릉도 및 이웃나라 일본에 대한 상세하고 치밀한 지리적 기술 등은 지리 내용과 주제(topics)들의 훌륭한 포착이다. 생활에 필요한 지리적 내용들을 분석적, 과학적으로 설명하고 있는 점, 실용적인 시각에서 이들 지리 관련 정보들을 유용한 지식으로 활용하여야 한다는 묵시적 권고, 기저에 짙게 깔려 있는 향토와 국토를 사랑하는 마음 등은 매우 높이 살 만하다.

『열하일기』를 통해 본 청조의 제도, 문물, 경제 고찰한 연구(손용택, 2005)는 우리나라 대표적인 연행기로 알려져 있는 『열하일기』 내용 가운데 「渡河錄」, 「盛京雜識」, 「馹汛隨筆」의 세 편을 대상으로 지리적 인식 측면에서 접근한 첫 연구이다. 연구목적은 18세기 후반 저명한 실학자인 박지원의 눈을 통한 중국(당시 청나라)의 자연지리적·문화지리적·지역지리적 인식은 어떠했나를 살피고자 했다. 청나라에 대한 기후와 날씨, 산세에 대한 인식과 압록강, 백두산, 안시성, 발해, 평양 등의 지명 유래 설명을 통해 연암의 해박하고 정확한 자연지리적 인식을 알 수 있다. 청나라의 다양한 계층의 사람들과 그들 복장에 대한 묘사를 통해 문화지리적 인식을 알 수 있고, 요동 시가지와 산해관을 둘러보면서 서술한 지역지리적 인식은 지리학자의 날카로운 눈을 연상케 한다. 박지원의 『열하일기』를 통해 본 청나라의 지리적 인식을 통해, 당시의 청조(淸朝)는 조선사회의 문화, 제도를 크게 앞선 선진지역임을 확인할 수 있고, 따라서 연암은 실학적 사고를 통해 앞선 문물을 배우고 소화시켜 우리 것을 선진화시킬 것을 강조하고 있다.

3) 박제가의 생애와 시대 배경

소년 시절부터 시·서·화에 뛰어나 문명을 떨쳐 19세를 전후해 박지원을 비롯한 이덕무·유득공 등 서울에 사는 북학파들과 교유하였다. 1776년(정조 즉위년) 이덕무·유득공·이서구 등과 함께 『건연집(巾衍集)』이라는 사가시집(四家詩集)을 내어 문명을 청나라에까지 떨쳤다. 1778년 사은사 채제공(蔡濟恭)을 따라 이덕무와 함께 청나라에 가서 이조원(李調元)·반정균(潘庭筠) 등의 청나라 학자들과 교유하였다. 돌아온 뒤 청나라에서 보고 들은 것을 정리해 『북학의(北學議)』 내·외편을 저술하였다. 내편에서는 생활 도구의 개선을, 외편에서는 정치·사회 제도의 모순점과 개혁 방안을 다루었다. 이로부터 13년간 규장각 내·외직에 근무하면서 여기에 비장된 서적들을 마음껏 읽고, 정조를 비롯한 국내의 저명한 학자들과 깊이 사귀면서 왕명을 받아 많은 책을 교정, 간행하기도 하였다.

1786년 왕명으로 당시 관리들에게 시폐(時弊)를 시정할 수 있는 <구폐책(救弊策)>을 올리게 하였다. 이때 그가 진언한 소는 주로 신분적인 차별을 타파하고 상공업을 장려해 국가를 부강하게 하고 국민 생활을 향상시켜야 한다는 내용이었다. 그러기 위해서는 청나라의 선진적인 문물을 받아들이는 것이 급선무라고 주장하였다. 그 뒤 1790년 5월 건륭제(乾隆帝)의 팔순절에 정사(正使) 황인점(黃仁點)을 따라 두 번째 연행(燕行)길에 오르고, 돌아오는 길에 압록강에서 다시 왕명을 받아 연경에 파견되었다. 원자(元子: 뒤의 순조)의 탄생을 축하한 청나라 황제의 호의에 보답하기 위해 정조는 한낱 검서관인 그를 정3품 군기시정(軍器寺正)에 임시로 임명해 별자(別咨) 사절로서 보낸 것이다. 1793년 정원에서 내각관문(內閣關文)을 받고 <비옥희음송(比屋希音頌)>이라는 비속한 문체를 쓰는데 대한 자송문(自訟文)을 왕에게 지어 바쳤다.

1794년 2월에 춘당대 무과(春塘臺武科)를 보아 장원으로 급제하였다. 1798년 정조는 선왕인 영조가 적전(籍田)에 친경한 지 회갑이 되는 날을 기념하기 위해 널리 농서를 구하였다. 이때 박제가는 『북학의』의 내용을 골자로 하는 <응지농정소(應旨農政疏)>를 올렸으며, 『소진본북학의(疏進本北學議)』는 이때 작성한 것이다. 그리고 1801년(순조 1)에는 사은사 윤행임(尹行恁)을 따라 이덕무와 함께 네 번째 연행 길에 올랐다. 그러나 돌아오자마자 동남성문의 흉서 사건 주모자인 윤가기(尹可基)와 사돈으로서 이 사건에 혐의가 있다 하여 종성에 유배되었다가 1805년에 풀려났으나 곧 병으로 세상을 달리하게 되었다.

박제가의 운명 연대는 1805년과 1815년 설이 있다. 그런데 그의 스승이며 동지인 박지원이 죽었다는 소식을 듣고 상심해 곧 죽었다는 기록과, 1805년 이후에 쓴 그의 글이 보이지 않는 점 등으로 보아 1805년에 죽었다고 볼 수 있다. 묘는 경기도 광주에 있다.

박제가는 시·그림·글씨에도 뛰어난 재질을 보여, 청대(淸代)『사고전서(四庫全書)』계열 학자들과의 교류를 통해 우리나라에 처음으로 대련 형식(對聯形式)을 수용하였다. 뿐만 아니라 글씨는 예서 풍을 띠고 있으며 조선 말기의 서풍과 추사체의 형성에 선구적 구실을 하였다. 구양순(歐陽詢)과 동기창(董其昌) 풍의 행서도 잘 썼으며 필적이 굳세고 활달하면서 높은 품격을 보여 준다. 박제가의 그림은 간결한 필치와 맑고 옅은 채색에 운치와 문기(文氣)가 짙게 풍기는 사의적(寫意的)인 문인화풍의 산수·인물화와 생동감이 넘치는 꿩·고기 그림을 잘 그렸다. 이처럼 박제가는 당대의 훌륭한 학자인 동시에 시와 그림, 글씨에도 뛰어난 재질을 보였던 다재다능한 학자였다.

2. 농업의 혁신

중국에는 도시와 지방의 차이가 없다. 큰 도회지로서 강남(江南), 오(吳), 촉(蜀), 민(閩), 월(越) 같은 먼 곳이라도 번화한 문물이 황실보다 도리어 훌륭하다. 우리나라는 도성에서 몇 리만 떨어졌어도 벌써 풍속에 시골티가 난다. 대체로 의식이 부족하고 물자가 유통되지 못하기 때문이다.[5]

박제가는 기술혁신의 절박한 필요성을 수공업뿐만 아니라 농업 부문에 대해서도 강조하였다. 박제가에 의하면, 우리나라는 경지면적이 사방 1천 리라고 하지만 농업기술이 부족하여, 남의 나라는 세 줄을 심는데 우리나라는 두 줄을 심으니 실제의 이용면적은 6백 리로 줄어진 셈이며, 남의 나라는 하루 경작의 면적에서 50~60석을 수확하는데 우리나라는 20석밖에 수확하지 못하니 6백 리 면적이 다시 2백 리로 줄어드는 것과 같다고 지적하였다. 박제가는 우리나라가 비단 농업기술뿐만 아니라 선박과 차량, 궁실 건축, 기구, 가축 사육 등에 관한 기술혁신을 강구하지 않기 때문에 이를 전국적으로 보면 백배의 이익을 잃고 있는 것이라고 개탄하였다.[6] 박제가는 이에 대한 대책으로서 국내에서의 차량과 선박을 비롯한 교통 운수에 있어서의 기술혁신과 수공업부문에 있어서의 기술혁신의 추진을 강력히 요구하였다. 박제가는 국방과 병사(兵事)에 이르는 일들까지도 혁신된 기술에 의거해야만 튼튼하게 될 수 있다고 강조하였다.[7]

(1) 축목에 대해

박제가는 중국의 소와 말, 기타 가축을 키우고 관리하는 모습을 유심히 살폈다. 축력용으로서의 소에 대한 그의 견해와 교통수단으로 그리고 병마용으로 중시되었던 말에 대한 관심과 분석은 매우 특별했다.

---

5) 『북학의』農蠶總論

6) 『北學議』, 財富論

7) 『北學議』, 兵論

청나라의 요동 땅 좌우 20리 사이는 닭과 개 소리가 서로 들리고 가축이 떼 지어 노는 것이 보인다. 백성들 중에는 걸어 다니는 사람은 매우 드물며, 거지들도 나귀를 끌고 다닌다. 조금 부잣집이면 가축이 십여 종에 수백 마리에 이르는데 말, 노새, 나귀, 소가 각각 십여 필이고 돼지와 양이 또한 각각 수십 필, 개 몇 마리, 낙타 한두 마리, 닭과 거위, 오리가 각각 수십 마리나 된다. ……(중략)…… 관마산(官馬山)이란 곳이 있는데 이 산은 관(官)에서 말을 기르는 곳으로 말이 산을 거의 덮었다. 그 밖에도 수천 마리에 무리로 된 가축을 모두 들판에 방목하는데 비록 눈 오는 기후에도 마시고 먹는 것을 제멋대로 둔다. 만약에 이것들을 모두 마구에 넣어 두고 곡식을 먹이려고 한다면 비록 천자(天子)의 부(富)함이 있어도 감당하지 못할 것이다. 가축 중에 때에 따라 부리는 것은 일의 경중을 보아서 먹이를 갑절로 하는데, 하루에 먹이는 것이 이따금은 두 말 곡식이나 되기도 한다. 모두 소금에 볶은 보리, 옥수수, 콩 등속이고 겨와 쭉정이, 지게미 등 사람이 먹지 못하는 것들이 아니다. ……(중략)…… 날이 저물면 한 인부가 들에 나가서 좋은 말을 잡아타고, 소리를 질러 부르며 막대기를 휘둘러 지휘하면 모든 말들이 모두 따라 집으로 들어온다. 그때 말의 무리는 어지럽지 아니하고 놀라 날뛰지도 않아서 십여 살 된 아이라도 이런 직책을 맡을 수가 있다. 양과 돼지를 몰이하는 사람은 각기 수백 마리씩을 거느리고 가다가 서로 마주치게 되면 서로 섞여서 여간해서는 제어할 수 없게 되지만 휘파람을 한 번 불고 채찍 소리를 내면 머리를 동과 서로서로 돌려서 각기 원래 가던 방향을 찾아가게 된다.

목축이란 것은 나라의 큰 정사이다. 농사일은 소를 기르는 데 있고, 군사 일은 말을 훈련시키는 데 있으며, 푸줏간 일은 돼지, 양, 거위, 오리를 치는 데 있는 것이다(『北學議』外篇, 畜牧).

박제가는 그가 보고 느낀 것을 적으면서, 지금 우리나라 사람들은 도무지 이런 일을 익히려 들지 않으면서 반드시 쇠고기를 먹고, 반드시 말로써 끌어 양도 사사집에서는 기르는 일이 없음을 한탄한다. 돼지 네댓 마리를 모는 자는 돼지 귀를 꿰어서 다녀도 오히려 달아나고 부딪치는 것을 걱정하는 것처럼 짐승을 다루는 방법이 점점 궁색해져 가고 있음을 지적한다. 짐승을 제어하는 방법이

궁색하여지니 나라는 따라서 부강해지지 못한다. 이것은 다름이 아

니고 중국을 배우지 않은 허물로 보고 있다.

> 소는 코를 뚫지 않는다. 그러나 남방의 물소만은 그 성질이 사납기 때
> 문에 코를 뚫는다. 간혹 우리나라 소로서 서북지방에 열리는 시장으로부터
> 중국에 팔려 온 것이 있는데, 우리나라 소는 콧대가 낮으므로 처음 왔다는
> 것을 쉽게 구별할 수 있다. ……(중략)…… 이곳에서는 소를 항상 미역
> 감기고 솔질해 준다. 우리나라 소가 죽을 때까지 씻지 않아, 몸뚱이에 말
> 라붙은 똥으로 더럽혀져 있는 것과는 다르다. ……(중략)…… 또 이곳에
> 서는 소의 도살(屠殺)을 금한다. 황성(皇城) 안에는 돼지 고깃간이 72곳, 양
> 고깃간은 70곳인데, 대체로 한 고깃간에서는 매일 돼지 300마리를 팔고,
> 양의 수자도 또한 그렇다. 이와 같이 많은 고기들을 먹는데 쇠 고깃간은
> 오직 두 곳뿐이다. 길에서 쇠 고깃간 사람을 만나 자세히 알아보았다(『北
> 學議』外篇, 牛).

청나라의 이러한 현실을 보고 박제가는 지적하기를, 우리나라에

서는 날마다 소 5백 마리가 죽는다. 나라에서 거행하는 제향(祭享)

과 호궤(犒饋) 때는 성균관이나 오부(五部)[8] 안에까지도 24곳의 고

깃간이 생기고 300여 주(州)의 관(官)에도 반드시 고깃간을 벌였다.

혹 작은 고을에서는 날마다 소를 잡지 않는다. 그러나 큰 고을에서

는 몇 마리씩 겹쳐 잡으니 결국은 날마다 잡는 셈이다. 만약 소를

일체 죽이지 못하게 한다면, 몇 년 안에 농사를 짓는 데 제때에 뒤

져서 한탄하는 일이 없게 될 것이다. 소 잡는 것을 금하면 백성들

이 비로소 다른 짐승 기르기에 힘써 돼지와 양이 번성할 것이다.

어떤 사람은 말하기를 돼지고기나 양고기는 우리나라 사람의 식성

---

8) 조선시대에 한성을 중부, 동부, 서부, 남부, 북부로 나눈 다섯 구역을 말함(盧道陽李·李錫浩
(譯), 1975, 韓國名著大全集, 擇里志·北學議, 서울: 大洋書籍, 285쪽 註).

에 길들지 않아서 병이 날까 염려스럽다고 하지만 그렇지 않다. 음식에 길들여진 중국 사람은 어째서 병이 나는가? 율곡은 평생에 쇠고기를 먹지 않으면서 "그 힘으로 지은 곡식을 먹으면서 또 그 고기를 먹는 것이 옳겠는가?" 하였으니 이는 참으로 당연한 말이다.

박제가는 가축 가운데 말에 대해서도 관심을 기울여 논하고 있다. 우리나라에서 말을 타는 데 마부를 부리는 것이 좋지 못하다. 무릇 사람이 말을 이용하는 것은 걷는 수고로움을 없애려는 것이다. 그런데 한 사람은 탔으나 다른 한 사람은 말과 함께 걸어야 하기 때문이다. 말은 잘 달리고자 하나 사람에게 이끌리고 보면 단번에 몇 리를 달리거나 하루에 천 리를 달릴 수 있는 기능을 발휘할 수 없다. 또 재갈을 마부 손에 잡혔으니 고삐는 걸치레일 뿐이고 말이 놀라서 갑자기 뛰기라도 한다면 도저히 막을 길이 없다. 그 밖에도 마부는 말의 목을 억눌러서 자신의 걸음 속도와 같게 하려 한다. 이것은 사람의 걸음을 따르게 하는 것이고 말의 능력을 다 발휘하도록 하는 것이 아니다. 하물며 먹이는 것도 제대로 하지 않고 달리는 것도 제 능력대로 하지 못하게 하니, 말이 말을 할 수 있다면 할 말이 많을 것이다. 또 말을 기르는 자는 말 다리에 힘이 빠진다 하여 나라 안의 수천 마리나 되는 말의 교미하는 것을 금하니, 이것은 해마다 말 수천 마리를 잃는 것이다. 혹 새끼 말이 따라다니는 것을 볼 수 있으니 이는 천 마리 중에서 어쩌다가 금한 것을 범한 말이다. 이렇게 교미를 금해도 병은 항상 중국의 말보다 더 많고 우는 소리도 훨씬 못하다. 중국의 말은 대체로 우리나라 말보다 뛰어나게 크고 의젓하다. 우리나라 말이 시끄럽게 굴어도

입을 다물고 우뚝 서서 다투지 아니한다.[9]

(2) 밭과 거름

우리의 밭은 소의 가랑이 사이만 한 넓이에 곡식 한 줄씩을 심는
다. 곡식이 자라서 북돋을 때면 두 번째로 겹쟁기를 소에다 매어서
골 양쪽 가의 흙을 갈아 올린다. 쟁기 넓이는 소 가랑이 넓이와 같
으며, 처음 갈았던 골을 따라서 간다. 이때 새 흙이 뒤집혀 일어나
면서 곡식이 소의 배 밑에서 우수수 일어난다. 그런데 중국 밭에 심
은 곡식 세 줄 사이가 우리나라의 밭곡식 두 줄 넓이와 같으니 이
것을 보면 우리는 아무 까닭 없이 1/3의 밭을 그냥 내버리는 셈이
다. 홀 쟁기는 소의 대용으로 사람이 끄는 것인데 소가 하는 일의
반을 한다. 밭과 소와 사람과 기구(器具)의 도수가 서로 합당하며
또 심는 방법이 지극히 균일하여서 겹쳐지거나 비뚤어지지 않는다.

자란 곡식도 똑같이 자라서 길고, 짧으면 똑같이 짧아 들쭉날쭉
한 것이 하나도 없다. 그러나 우리나라에서는 콩을 심을 때나 보리
를 심을 때나 마음 내키는 대로 멋대로 뿌리므로 더부룩하게 저절
로 서로 얽혀 바람을 고루 받지 못하게 된다. 또한 음지와 양지가
판이하게 달라서 높이 자란 것은 벌써 열매를 맺어 익는 게 있는가
하면 키가 낮은 것은 꽃이 한창 피는 것도 있다. 이러한 것은 모두
본디 작물의 성질을 손상시켜서 튼튼하지 못하기 때문이다. 그러므
로 씨앗은 고루 낱낱이 뿌려야 한다. 낱낱의 씨앗이 병들지 않은
데에 수확이 있는 것이지 종자를 많이 뿌리는 데에 수확이 있는 것

---

9) 『北學議』 外篇, ‘馬’

이 아니다.

만약 보리 한 이삭에 낟알 몇 개를 얻는다면 한 말 종자로써 마땅히 열 섬을 수확할 것인데 그렇지 못한 것은 고루 뿌리지 않은 데에 원인이 있을 뿐이다. 이러한 이치로 본다면 우리나라는 이미 밭을 갈 때에 밭 1/3을 잃었고, 심을 때에 종자를 허비하였으며, 거두어들일 때에 소출이 감하게 되니, 곡식이 어찌 귀하지 않으며, 백성이 어찌 가난하지 않겠는가? 당시의 우리나라에서는 이른바 며칠갈이 또는 몇 섬 종자라는 것은 실상 그 수효의 반밖에 이용하지 않는 것이므로, 이것은 해마다 몇 만 섬 곡식을 땅에다 버리는 것이다. 박제가는 이러한 낭비를 지적하여 청나라와 우리나라의 밭갈기와 종자 뿌리는 것을 비교하여 그 낭비되는 점을 날카롭게 지적하고 있다.

한편, 중국에서는 거름을 금같이 아끼고 재(灰)를 길에 버리는 일이 없으며, 말이 지나가면 삼태기를 들고 따라가면서 말똥을 줍는다. 길가에 사는 백성은 날마다 광주리와 가래를 가지고 모래밭에서 말똥을 가려내어, 산같이 쌓은 거름더미가 반듯하며 혹 세모지게, 혹 육모지게 쌓기도 하였다. 거름더미 밑 둘레에는 물골을 파서 거름물이 흘러나가지 못하게 하고 있다. 똥을 거름으로 쓸 때에도 물에 타서 진한 흙탕물과 같게 한 다음 바가지로 퍼서 쓰는데, 대개 그 효력을 고르게 하려는 것이다. 우리나라의 경우에는 마른 똥을 그대로 쓰므로 효력이 흩어져서 완전하지 못함을 지적하였다. 성안에서 나오는 분뇨를 일거에 수거하지 못하여서 더러운 냄새가 길에 가득하며, 냇가 다리 옆 석축(石築)에는 인분이 더덕더덕 붙어서 큰 장마가 아니면 씻기지 않는다. 개똥과 말똥이 항상 사람의

발에 밟힐 지경이니, 밭을 제대로 가꾸지 않는다는 것을 이것으로
도 알 수 있다.

성안에서는 한 해 동안의 재만 해도 몇 만 섬이나 되는지 모를
지경인데, 도리어 그것을 모두 버려두고 이용하지 않으니 이것은
몇 만 섬의 곡식을 버리는 것과 같다.

(3) 뽕나무와 과실

박제가는 당시 누에를 삶아 비단을 짜는 농잠에 대해 지대한 관
심을 가졌다. 뽕나무를 가꾸고 거두는 데 대한 그의 섬세한 지식을
통해 이를 확인할 수 있다. 뽕나무는 어릴 때에는 자람이 더디어서
가꾸기가 어렵고, 늙으면 나무가 병들어서 잎이 적고 오디만 가득
생긴다. 밭에 바로 심어서 채소나 곡식을 가꾸는 것과 같은 방법으
로 하는 것이 더 낫다. 심은 첫 해에는 돋은 줄기를 불을 질러 태
우고, 2년째에 가지를 베어 버리면 떨기가 무성하게 자라게 되는
데, 그 지엽(枝葉)을 베어다가 누에를 친다.

"중국의 열하성 근처에 있는 난하 서편에는 모래밭이 많은데 바라보면
새 뽕나무가 끝없이 심어져 있다. 겨우 말안장 높이만큼 자라, 가지런한
것이 가지와 잎에 윤기가 나며 보통 뽕과 다르다." 『농정전서』의 기록을
인용하고 있다.

연경에서 과실을 저장하는 방법이 가장 좋다. 작년 여름에 나온
과실과 금년에 새로 나온 과실과 섞어 파는데, 사리와 포도 따위는
빛깔이 금방 나무에서 따온 것과 같다. 이 같은 한 가지 저장하는

방법만 알게 되어도 한때 이익을 보기에 족할 것이다. 박제가는『물리소지(物理小識)』를 인용해 배의 저장법을 적고 있다. 즉 "배는 무와 함께 저장하면 썩지 않으며 혹은 배 꼭지를 무에다 꽂아 둔다." 또 다른 기록을 인용해 감을 저장했다 먹는 방법을 적고 있다. 즉 "큰 대나무를 땅에 심어서 있는 그대로 위쪽을 끊어 내고 그 밑동의 대롱에다 감을 저장한 다음, 진흙을 뭉쳐서 대롱 주둥이를 봉해 두었다가 여름이 지난 후에 끄집어낸다."

또한 곡식 저장고인 광에 대한 관심을 기울여 중국의 그것에 대해 기술하고 있는데, 중국 백성들은 비록 가난한 마을의 작은 집이라도 모두 회로 지은 칸의 몇 개 광이 있으며, 모두 회로 발랐으므로 곡식을 섬에 담지 않아도 되는 편리함을 논하였다. 즉 곡식을 그대로 광안에 쏟아 넣어서 크고 작은 광으로 활용하였다. 또는 집안에다 대자리를 둘러서 큰 쇠북 모양과 같게 하기도 하는데 높이는 들보에까지 닿아서 사닥다리를 걸쳐 놓고 오르내린다. 많은 것은 백 섬 정도이고 적은 것도 이삼십 섬은 되며, 가끔 한 집 안에 무더기로 쌓아 두기도 한다.[10]

(4) 농기구와 농법

박제가는 중국의 것을 배워야 할 우리나라의 당면한 일이 무엇인가를 일깨우려 하였다. 그는 따비, 보습, 밭도랑, 물꼴, 거름하는 방법이 적합하지 못하면 농사를 제대로 짓는다 할 수 없을 것이며, 누에치는 일이 또한 중요한데, 누에의 고조, 중조를 잘 살펴야 함

---

10)『북학의』農蠶總論

을 강조하였다. 즉 나방을 내는 방법, 누에를 치는 방법, 실을 켜는 방법, 명주 짜는 방법 등이 적합하지 못하면 중국을 따라가기 힘들다고 지적하였다.

인구는 나날이 증가하여도 국력이 부족한 것은 농사짓는 방법과 도구 개발이 되지 않아 생산력이 저하되기 때문이라 보았으며, 이에 대한 방책을 구체적으로 들어 설명하였다. 우선 곡식 탈곡 시에 까부르는 농기구인 풍선(風扇)을 개발해 이용할 것을 주장하였다. 이를 한 사람이 이틀간 돌리면 절구질한 곡식 일만 섬을 까부르기가 어렵지 않을 정도로 편리한 것이며, 또한 돌방아를 이용하면 만 섬의 곡식을 찧는 일도 어렵지 않다고 하였다.[11]

수차(水車)는 마른 땅에 물을 대고 물 고인 땅은 반대로 마르게 할 때 사용한다.[12] 씨앗뿌리는 바가지가 있으므로 심느라고 발뒤꿈치가 병들지 아니하고 서서 김매는 호미가 있어서 김맬 때 허리 구부리는 번거로움도 막을 수 있다고 하였다.

고무래와 쇠스랑은 흙덩이를 깨뜨리는 것이고, 틀고무래는 종자를 고르게 하는 것이다.

누에를 담는 잠박(蠶箔), 누에 그물, 고치 켜는 틀, 베틀 따위의 제도가 있으므로 한 해 동안의 실을 어렵지 않게 다듬을 수 있다. 그리고 씨아가 있어서 한 사람이 하루에 80근의 목화씨를 바르며 솜 트는 활의 능률도 이와 같다.

---

11) 『북학의』 農蠶總論

12) 수차(水車)와 관련해서는 附龍尾車說을 따로 두어 그 이로움을 자세히 설명하고 있다.
　　"박제가는 서양의 용미차를 직접 보고 와서, 그 운전하는 법이 교묘하여 보통 사람들로서는 헤아릴 수 없으며, 물을 올리는 양이 많아서 통거(筒車), 항승(恒升), 옥형(玉衡) 따위와 비교하면 그 성과가 몇 갑절이었다."

우리나라에서 벼를 까부르는 것을 보면, 바람맞이에서 날리거나 긴 돗자리의 한복판을 밟은 다음 양쪽 끝을 들고서 맞두드린다. 이런 방식으로 몇 사람의 힘으로써 하루 종일 십여 섬의 곡식을 까불러도 작업 마무리가 깔끔하지 못하며 번거롭기만 할 뿐이다.

조나 콩을 심을 때 한 움큼씩 뿌리므로 모종이 엉클어져서 열매 맺는 데 해롭다. 물을 푸는 데는 바가지를 이용하는데, 바가지에 달린 물이 그네 뛰는 모양 같고 둔해서 우습기만 할 뿐이다. 관개하는 데도 물이 활을 한 번 쏠 만한 근거리에 있음에도 반 자 높이 정도에도 부딪쳐서 끌어 올리지 못한다. 따라서 큰 냇물을 모두 막고 물이 고이게 하여 넘치는 물이 거슬러 들어가기를 바라지만 한 번이라도 충격을 받으면 열 집 가산(家産)은 이미 물결 속에 잠겨 버리는 헛수고가 따를 수 있다. 박제가는 이러한 폐단을 없애기 위해 길고(桔橰), 옥형(玉衡), 용미(龍尾), 통거(筒車) 등속을 사용하도록 가르치는 일이 긴요하다고 주장한다.

한 칸 방에 가득히 누에를 쳐서 사람이 발 디딜 틈이 없으므로 기왓장을 징검다리처럼 놓고 먹인다. 그래서 여자애가 잘못하여 미끄러지면 밟혀 죽는 누에가 태반인데, 잠박(蠶箔)을 방 높이대로 층층으로 달면, 누에를 수십 배나 쳐도 방에 여유가 생기는 것을 모르기 때문이다. 누에똥을 가릴 때에도 낱낱이 가리므로 하루 종일 걸려도 다 못 한다. 이는 그물을 덮고 뽕을 주면 만 마리 누에가 일제히 그물위에 나오게 되는 이치를 모르기 때문이다.

실을 켜는 데에도 자새를 이용하지 않고 손으로 당겨서 앞에다 쌓으므로 물기가 합쳐져서 엉켜진 채로 마른다. 이것을 다시 모래로 눌러 놓고 가리게 되므로 시일만 허비하게 되는 것이다. 그러나 자새로 하면 몇 곱절이나 힘을 덜며 또한 갈고리를 멀리해서 당기면 실이 먼저 마르면서 빛이 누렇게 되지 않는다.

중국 베틀은 의자와 같이 편히 앉아서 발끝만 약간 움직여도 베 새가 저절로 열렸다가 저절로 닫히며, 북이 저절로 왔다가 저절로 가서 짜 내는 것이 곱절이다.

씨아로 우리나라에서 두 사람이 하루에 목화 네 근을 씨 바르며 솜도 네 근을 트니, 중국의 팔십 근과는 차이가 많다.

박제가는 이들 좋은 방법들을 일일이 설명하고 열거하며 이에 뜻이 있는 자는 반드시 세력 있는 자가 아니고, 세력 있는 자라 하 더라도 반드시 시기가 맞지 않으며, 정사를 담당한 사람도 이 일을 시행하려 하지 않기 때문에 되는 일이 없다 하여 그 심각성이 크다 고 하였다.[13]

씨앗 뿌리고 심는 방법과 쇠스랑 쓰는 시기, 호미와 보습의 제도 에도 예전 제도는 전혀 없으므로 비록 높은 재주와 현명한 지혜를 지닌 깨치고 뛰어난 사람이라고 하더라도 그 학식을 시행할 수 없 다. 더구나 탁, 역, 육독, 둔차 같은 기계화된 농기구는 우리나라에 는 하나도 없어서 밭고랑이 묵어서 곡식을 심어도 자라지 못하고, 한 해 동안을 부지런히 노력하여도 대가를 얻지 못하니 안타깝다 하였다.[14]

---

3. 기술개발과 기술혁신

박제가 시대의 사회가 농업중심의 지역적 자급자족경제에 의존하였고, 국가정책과 사회의 지적 분위기도 사·농·공·상 四民의 위계질서를 정립하여 중농억말정책(重農抑末政策)을 답습하면서 수공업과 상업을 '신량역천(身良役賤)'의 직업이라고 천시하는 조건 속에서, 박제가는 나라와 백성의 빈곤과 낙후한 상태를 극복하려면 상업과 수공업을 발전시키고 선진기술을 도입하여 기술혁신을 일으켜 생산력을 높여야 한다고 주창하였다.[15]

박제가의 이러한 주장은 사회신분과 계층의 측면에서 객관적으로 종래의 四民 중에 '工匠'과 '商人'의 사회적 지위를 크게 개선하여 향상시키는 것이었다.

박제가는 국내의 기술혁신을 위한 긴급한 대책의 하나로 중국으로부터의 선진기술의 도입을 주장하였다. 그는 첫째, 해마다 10명씩 재주 있는 기술자를 선발하여 사신을 중국에 파견할 때 통역관 중에 끼어 넣어서 중국의 선진기술을 배우고 기구도 사 오게 하며, 둘째, 나라 안에 기술혁신을 연구하고 관리하는 관청을 세워서 배워 온 선진기술을 물력(物力)을 내어 실험하고 나라 안에 반포하며, 셋째, 그런 연후에 그 사람이 배워 온 선진기술의 규모와 효과의 허실을 관찰하여 상벌을 내리고, 넷째, 한 사람을 세 번 중국에 보내되 별로 효과가 없는 사람은 교체해서 다시 선발하도록 할 것을

---

15) 金龍德, 朴薺家 硏究, 中央大 論文集 제5집, 1961.(愼鏞廈, 1997, 조선후기 실학파의 사회사상연구, p.391 각주 재인용)
　　李成茂, 朴薺家의 北學議, 歷史學會 編, 實學硏究入門(一潮閣, 1973) 참조.

제안하였다. 이와 같이 하면 10년 안에 중국의 선진기술을 모두 배우고 도입할 수 있을 것이라고 전망하였다.[16] 이처럼 박제가 관심은 선진기술의 도입 방법에 이르기까지 구체적으로 세심한 데까지 이르고 있다.

박제가는 또한 중국에 와 있는 서양인들을 우리나라에 초빙해서 우리나라 자제들과 기술자들에게 서양의 선진과학기술을 가르치도록 해서 서양선진기술도 적극 도입할 것을 주장하였다.

"신이 듣건대 중국 흠천관(欽天監)에서 책력(册曆)을 만드는 서양인들은 모두 기하학에 밝으며 이용후생의 방법에 정통하다고 합니다. 국가에서 관상감(觀象監) 한 곳에 쓰는 비용만큼으로 그 사람들을 초빙하여 대우하고 그들로 하여금 우리나라 안의 자제들에게 그 천문(天文)과 전차(躔次 : 지구, 달, 별들의 회전도수), 鍾律儀器(종률의기: 도량형기)의 도수(度數), 농상(農桑), 의약(醫藥), 한재(旱灾), 수재(水灾), 건조, 누습(漏濕)의 적의(適宜)함이며, 벽돌을 만들어서 궁실, 성곽, 교량을 건축하는 법과, 동광(銅鑛)을 캐고 덩어리 옥을 파내며 유리를 굽는 것과, 외적을 방어하는 화포를 설치하는 것과, 물을 관개하는 법과, 수레를 통행시키고 배(船)를 만들어서 벌목이나 돌을 운반할 때와 같이 무거운 것을 먼 곳까지 운반하는 공법 등을 배우게 하면 수난이 안 되어 경세(經世)에 알맞게 쓸 수 있는 인재가 많이 나올 것입니다."[17]

박제가는 중국에 와 있는 서양인들이 천주교라는 이교(異敎)를 신봉하므로 위험하다는 염려에 대하여, 그들로부터 열 가지 기술을 배우고 한 가지 포교만 금지하면 되는 것이므로 염려할 것이 없으며, 오히려 대우가 적당치 않으면 초빙해도 오지 않을 것이 염려라

---

16) 『北學議』, 財富論
17) 『北學議』, 丙年 典設署別提 朴齊家所懷

고 지적하였다. 여기서 박제가의 선진과학기술 도입에 대한 열망과
열의를 엿볼 수 있다. 그의 주장과 같이 선진과학기술이 도입되고,
국내에서 기술혁신이 일어나며, 수공업이 크게 발전되면, 객관적으
로 종래 홀시되거나 천시되어 오던 중인기술관과 공장층의 사회적
지위가 크게 개선되고 향상될 것임은 당연한 귀결이 되는 것이었
다. 박제가의 기술혁신론과 수공업 발전론에는 중인기술자층과 공
장(工匠)층의 사회적 지위 개선의 배려가 있었음을 주목할 필요가
있는데, 이들에 대한 배려가 최종목적이 아니라, 이들의 지위 향상
을 통한 국가 경제발전의 원대한 전망을 하고 있는 것이다. 이러한
그의 생각은 박제가가 과거제도의 개혁안에서 일인일기(一人一技)
의 기예를 가진 사람도 과거시험을 통해 뽑자고 주장한 사실에 의
하여 거듭 확인할 수 있다.

박제가는 문방구로서 붓과 먹, 서책을 꾸미는 끈에 대해서도 세
심한 눈길을 놓지 않고 있다. 즉 우리나라 붓은 붓털 안팎이 가지
런하므로 한 번 닳아지면 그만이지만 중국 것은 안쪽 털이 점점 오
그라들면서 겉 털이 나와서 오래 쓸수록 끝이 더욱 날카로워지는
차이점을 비교하였다. 또한 우리나라 먹(墨)은 한 해가 지나면 광택
이 없어지고 두 해가 지나면 아교성분이 굳어져 잘 갈리지 않는 폐
단을 지적하면서, 중국 것은 오래 될수록 점점 값이 나가는 것의
질적 차이를 비교하였다.[18]
또한 우리나라 서적은 거문고의 작은 줄과 같은 채색 끈으로 엮
는데, 그것이 항상 끊어지는 이유는 너무 바짝 당겨져서 늘어나지

---

18) 『북학의』 文房之具

않기 때문이다. 이에 반해 중국 것은 쌍 가닥으로 엮었으므로 여유가 있어서 그렇지 않음을 비교하였다. 박제가는 그가 소장하고 있는 중국 책이 조금 헤어졌어도 구태여 고쳐 꾸미지 않는 것은 힘만 들이고 오히려 그르쳐 놓기 때문이라고 하였다.

박제가는 종이를 쓰는 면면을 살펴 우리의 것과 중국의 것을 비교하며 장단점을 논하였다.

> "종이는 먹을 잘 받아서 글씨 쓰기나 그림 그리기에 가장 좋고, 찢어지지 않는 것만으로 반드시 좋은 것은 아니다. 어떤 사람은 우리나라 종이가 천하에서 제일이라고 하나 그런 사람은 도대체 글을 쓸 줄 아는 사람인지 의심스럽다. 서문장(徐文長)이 말하기를, '고려종이는 그림그리기에 적당치 않다. 돈같이 두꺼운 것은 그래도 나은데 겨우 작은 해자(楷字)를 쓸 만할 뿐이다.'라고 하였다."[19]

중국의 식자층이 본 것이 이미 평가가 이러하였으니 우리나라의 종이가 좋다는 것을 일반화시킬 수 있겠느냐는 논리이다. 돈같이 두꺼운 종이란 중국과 왕복하던 문서를 쓰는 목적의 것을 말하였다.

> "또 팔도 종이의 길이의 길고 짧음이 모두 같지 않아서 이 때문에 허비하는 종이가 얼마인지 모른다. 대개 종이는 반드시 서책에만 소용되는 것이 아니지만, 그러나 그것을 표준으로 하여 길이를 맞추어서 만들어야 할 것이다."[20]

중국 종이는 척수가 같아 낭비가 적은데, 이러한 점은 비단 종이뿐만 아니라 다른 물건들에 대해서도 일정한 척수로 만들어 일상

---

19) 『북학의』 紙
20) 『북학의』 紙

생활에서 낭비가 없으나 우리의 경우는 종이를 떠낸 규격이 일정하지 않을 뿐만 아니라 포백의 넓이도 만이면 만 가지가 모두 틀리는데 그것은 베를 짜는 바디의 치수를 정하지 않았기 때문이며, 종이 뜨는 발의 치수를 정하지 않았기 때문인 것을 지적하고 있다.

4. 상업의 발전과 유통의 혁신

박제가는 과거제도의 개혁을 통하여 대대적 '汰儒'(무능한 양반 유생들을 도태시킴)를 단행하려 하였다. 도태당한 수많은 놀고먹던 양반 유생층을 상업에 종사시킴으로써 상인 수를 늘리는 것이 상업도 발전시키고 놀고먹는 양반층 문제도 해결하려고 구상하였다.

우리나라의 산업과 경제와 기술이 발전하지 못하는 중요 원인 가운데 하나가 억말정책(抑末政策)에 의해 상업을 천시하고 억눌렀기 때문인 것으로 관찰하였다. 상업을 적극적으로 진흥시켜서 재화가 전국 방방곡곡에 활발하게 유통되어야 이것이 일으키는 자극과 수요에 응하여 공업과 농업과 기술이 크게 진흥되어 나라와 백성의 빈곤을 극복할 수 있을 것으로 보았다.

'夫商賈四民之一以其一面通於三　則十之三不可.'

　　무릇 상인도 사민(四民) 중의 하나인데 그 하나로 셋에 통하였으니 10분의 3을 점하지 않으면 안 된다.[21]

위와 같이 상업의 비중을 파격적으로 높이 평가하면서, "商賣가 유통하지 못하고 놀고먹는 자가 나날이 많아지면 이것은 인사를 잃는 것이다."고 강조하여 지적하고, "재화가 없어지건마는 유통할 방책을 강구치 않으면서 세상이 그릇되고 백성이 빈곤한 탓으로만 돌릴 뿐이면 이것은 나라가 스스로 속는 것이다."[22]라고 당시의 위정자의 무능무책을 비판하였다. 당시의 선배 실학자들이나 동년배의 실학자들과는 달리 상업이 다른 산업과 기술발전에 미치는 영향을 매우 중요시하였음을 알 수 있고 박제가는 그의 사고체계 가운데 '重商主義'에 상당한 비중을 둔 듯하다. 상인들의 비중을 총인구의 30%에 달할 때까지 늘려야 한다는 것이 그의 생각이었다.

夫商處四民之一, 以其一而通於三, 則非十三不可, 今夫人, 食稻而衣錦, 則其餘皆爲無用之物矣, 然而不有無用之物, 以濟其有用, 則所謂有用者, 擧將偏滯而不流, 單行而易귀也, …….[23]

(무릇 상은 사민의 하나인데 그 하나로 3(士·農·工)에 통하는 것인즉 3/10이 되지 않으면 안 된다. 이제 무릇 사람들이 쌀밥을 먹고 비단옷을 입고 있으면 그 나머지는 모두 무용지물로 생각한다. 그러나 무용의 것을 사용하여 유용의 것과 교환하지 아니하면 소위 유용의 것도 장차 모두 편체하여 유통되지 않아서 오직 한 구석에서만 사용하게 되어 모자라게 되기 쉽다.)

박제가는 총인구의 3/10 정도로 상인을 증가시켜야 할 때 상인에

---

21) 『북학의』 末利
22) 『북학의』 丙年 典設署別시 朴齊家所懷
23) 『북학의』 市井

충원해야 할 사람들로 놀고먹는 양반신분 층을 고려하고 있었다.
이러한 방법은 곧 놀고먹는 양반층의 문제도 해결함과 동시에 상
업의 발전을 통해 공업과 기술 및 농업의 발전도 도모하고자 한 생
각이었다.[24]

그는 양반층을 국내 상업과 대외무역에 종사하도록 하고 이를
장려하는 정책으로 첫째, 사족(士族)들을 상인들의 대장(臺帳)에 입
적시키고, 둘째, 자본금을 대여해 주며, 셋째, 점포를 지어 주어 여
기에 살게 하고, 넷째, 상업을 잘한 사람은 높은 벼슬을 주어 권장
하는 동시에, 다섯째, 날로 더욱 상업이윤을 열심히 추구하게 할
것을 제안하였다.

"臣請凡水陸交通販賣之事 悉許士族入籍 或資裝以假之 設廛以
居之 顯擢以勸之 使之日趨於利 以漸殺其遊食之勢開其樂業之心
而消其豪强之權 此又轉移之一助也"[25]

> (무릇 수륙에 교통하여 판매하고 무역하는 일은 士族에게 허가하여 臺
> 帳에 입적시키기를 신은 청합니다. 혹 자본금을 빌려 주고 廛을 설치해
> 주어서 이에 거주케 하며, 뚜렷한 성과를 낸 자는 벼슬에 발탁하여 권장하
> 는 것입니다. 이렇게 그들로 하여금 날마다 상업이윤을 추구하게 해서 그
> 遊食하는 형세를 점차 없애고, 그 직업을 즐겨하는 마음을 열어 주어서
> 그 호강한 권세를 사라지게 하면 이 또한 관습을 轉移하는 데 一助가 될
> 것입니다.)

당시 우리나라의 관습이 상업을 천하게 여겨 양반사족들이 상업

---

24) 愼鏞廈, 1997, 조선후기 실학파의 사회사상연구, p.389.
25) 『북학의』 丙年 典設暑別提 朴齊家所懷

에 종사하지 않으려 할 것을 염려해 중국의 사례를 들기까지 하였다. 중국에서는 사대부들이 시정(市井)에 다니는 것을 전혀 부끄러이 여기지 않으며 가난한 사람들은 신분에 관계없이 상업에 종사하는 것을 당연시함을 지적하여 우리나라의 양반사족들이 놀고먹으면서 비루하게 권세 있는 사람에게 청탁이나 하고 다니는 것보다 상업에 종사하며 돈을 버는 것이 떳떳하게 일해 자신과 나라의 빈곤을 극복하는 데 일조하는 일이라고 강조하였다.

놀고먹는 양반신분층을 상업이나 무역에 종사하게 함으로써 상인층으로 적극 육성하려 했던 생각은 실학사상 가운데에서도 독특하고 획기적인 것이라 할 수 있었다.[26] 실학자들 중에서도 유형원, 이익, 정약용 등의 실학자들은 놀고먹는 양반신분층을 농업에 종사시킬 것을 구상했었다. 농업은 당시에도 양반 관료출신들이 은퇴하면 자주 택하기도 하는 직업이었으므로 양반계층들에 대한 이러한 권농은 그다지 파격적이라고까지는 할 수 없었다. 그렇지만 사·농·공·상의 四民 가운데 '말업(末業)'이라 천시했던 상업 쪽으로 놀고먹는 양반신분층을 종사토록 하여 이를 국가 정책으로 적극 육성하려 했다는 것은 당시로서는 대단히 파격적인 일이었음에 분명하다. 바로 이 부분이 박제가의 양반신분제도 개혁사상의 독특하고 진취적인 측면이라 할 만하다.[27]

박제가는 당시 우리나라가 가난한 주요 원인이 수공업과 상업을 천시하고, 특히 상업을 말업(末業)이라 하여 억말정책(抑末政策)으로 상업의 발전을 억압하는 데 있다고 관찰하였다. 박제가는 도리

---

26) 愼鏞廈, 1997, 조선후기 실학파의 사회사상연구, p.390.
27) 愼鏞廈, 1997, 조선후기 실학파의 사회사상연구, p.391.

어 상업이 크게 진흥되어 첫째, 한 지방의 무용한 재화와 다른 지
방의 유용한 재화가 전국적으로 활발히 유통되어야 전국의 자원이
합리적으로 이용되어 이용후생이 비약적으로 증대되고, 둘째, 소비
가 수요가 일어나서 생산을 자극하여 생산증대를 가져올 수 있으
며, 셋째, 상업이윤을 계속 추구하는 과정에서 교통운수수단과 수
공업에도 기술혁신이 일어나서 나라와 백성이 부유하게 된다고 주
장하였다. 이러한 관점에서 박제가는 우리나라의 상업을 진흥시키
기 위해 상인의 수가 총인구의 30% 정도는 될 필요가 있다고 구체
적인 비율까지 제시하면서, '태유(汰儒)'당한 종래의 양반신분층을
상인층화하여 이를 충당하도록 구상하였다.

　나아가 박제가는 국가가 종래 놀고먹던 양반유생들을 국내 상업
과 대외 무역에 종사하도록 상인으로 등록시키고, 자본금을 대여해
주며, 점포를 지어 주고, 상업에 종사하여 이익을 많이 남겨 모범
이 된 사람에게 벼슬을 주는 등의 방법론까지 제시하고 권장하여
상업이윤을 열심히 추구하게 할 것을 제의하였다. 이러한 방법은
상업을 비약적으로 발전시킴과 동시에, 종래의 양반신분층이 거대
한 규모로 상인층화함으로써 종래의 신량역천층(身良役賤層)으로
간주되던 상인층의 사회화가 전체적으로 크게 향상되는 결과를 가
져오는 것이었다.28)

　박제가의 중상론은 국내 상업뿐만 아니라 개항을 하여 해외통상,
대외무역도 발전시킬 것을 주장하였다. 우선 서해안의 몇몇 항구를
개항하여 중국과 해외통상을 시작하고, 국력과 백성의 생업이 나아
지면 일본, 베트남, 유구, 대만 등을 비롯한 모든 가능한 나라들과

---

28) 愼鏞廈, 1997, 조선후기 실학파의 사회사상연구, pp.399~400.

도 해외통상을 확대하여 문물교류를 증대시켜 나라와 백성의 발전
에 도움을 얻도록 할 것을 제의하였다. 당시 쇄국정책이 4백 년이
나 계속된 속에서 박제가가 자주적 개항과 해외통상을 주장한 것
은 참으로 획기적인 것이었고, 이것이 실현된다면 상인층의 사회적
지위는 더욱 향상될 것으로 보았다.

5. 의식주(衣食住)의 비교

　박제가는 우리나라의 모든 것이 중국 것만 못하지만 다른 것은
우선 말하지 않고서도 그들의 의식(衣食)이 풍족함을 따를 길이 없
음을 부러워하였다.

　중국 백성은 모두 비단 옷을 입고, 털로 만든 요를 깔고 침대와
탁자도 있으며, 농부들조차 겉옷을 벗지 않고 가죽으로 된 신에다
행전을 치고서 소를 부린다. 그러나 우리나라 시골 백성들은 일 년
내내 무명옷 한 벌을 얻어 입기 힘들고, 남자나 여자나 일생 동안
침구를 구경하지 못하는 일이 허다하다. 심지어 짚자리로 이불을
삼아 그 속에서 자손을 기르는 실정이었다. 우리네 아이들은 열 살
전후까지는 겨울과 여름 할 것 없이 벌거숭이로 다니며, 세상에 버
선이나 신이 있는 줄을 모르기가 예사이다.

　그러나 중국은 변경(邊境)의 여자라도 분을 바르고 꽃을 꽂지 않
은 사람이 없으며 긴 옷에다 비단 신을 신는데, 아주 더운 여름에
도 맨발을 볼 수 없다. 반면 우리나라에는 도시에 사는 소녀라도

가끔 종아리를 드러내고 다니면서도 부끄러운 줄을 모른다. 또 어쩌다 새 옷 입은 사람을 보면 사람마다 쑥덕거리며 창녀(娼女)인가 의심을 할 정도이다.[29] 이렇듯 당대의 중국과 우리나라의 백성들이 입고 신으며, 치장하는 것의 차이점을 들어 그 수준차가 심했음을 밝히고 있다.

부녀자의 복색은 위아래가 모두 섬세하고 아련해서 옛 그림과 같다고 그리고 있으며, 웃옷의 길이는 몸길이와 같은데 어떤 것은 무릎을 겨우 가릴 정도다. 둥근 깃고대가 좁게 목을 둘렀고 끈으로 턱밑에다 매었다. 또 치마폭은 앞쪽이 셋이고, 뒤쪽이 넷이며 주름을 잘게 접어서 폭의 길이대로 하였다. 머리채를 감은 모양은 계주(薊州) 풍습을 상등으로 친다.

한편, 시골 여자의 머리채 모양은 정수리에 높게 얹었으며 연경(燕京) 사대부 집 여자의 머리채 모양은, 나지막한 것이 정수리에서 약간 뒤쪽에 얹히었다. 빗질할 때에는 먼저 정수리 복판에서 머리털을 가르는데 혹은 모나게, 혹은 둥글게, 각자의 생각대로 하며, 그 모양은 지금 아이들의 화양건(華陽巾)[30] 쓴 것과 같다. 그런 후, 붉은 끈으로 머리 밑동을 묶고서 판판하게 하고 꺾어서 올리는데, 가운데는 비게 하여 마치 갓양(冠梁)처럼 한다. 다음에는 머리털 길이를 한정으로 하여, 끝까지 머리 짬을 둘러 감는다. 감을 매 한 돌림마다 잠(簪) 하나씩 눌러 꽂아서 앞뒤 좌우로 십여 개까지 눌러 꽂는다. 귀밑머리에 남은 머리털은 엇비슷하게 뒤로 넘겨 모아서 머리채에 합쳐서 돌린다. 시집가지 않은 계집아이는 이마 한가

---

29) 『북학의』 農蠶總論
30) 도사(道士)들이 쓰는 두건(頭巾)

운데에 머리털을 세로로 가른 흔적이 있는 것으로 구별된다.

예전에는 작위(爵位)를 받지 않았으면 감히 양관(梁冠)을 쓰지 못하며 홍포(紅袍)를 입거나 타대(拖帶)를 매지 못하였는데, 지금은 부유한 자이면 모두 착용한다.

정덕(正德) 연간(1506~1521)에는 적삼이 점점 커져서 무릎까지 내려오고, 치마는 짧고 겹으로 되었다.

> "중국 남자들은 머리를 깎고 오랑캐 옷을 입었으나, 여자들의 의복만은 아직도 옛 제도 그대로다. 반대로 우리나라는 남자 의관은 옛 제도가 그대로 남았으나, 여자 의관은 모두 몽고(蒙古) 제도를 물려받았다. 지금 사대부는 중국 호복(胡服) 입는 것을 부끄러워하면서 규방(閨房) 안에서 호복 입는 것은 금할 줄 모른다. 나는 연경(燕京)에서 몽고 여인의 그림과 원(元)나라 인물화첩(人物畵帖)을 보았는데 그 모습이 우리나라 여자와 완연히 같았다. 대개 고려 때에 원나라 왕비들의 모양을 많이 숭상하였는데 그것이 오늘날까지 연유해 내려온 것이다."[31]

위의 글을 보면 조선시대 후기 우리나라에서는 복색에 있어서 여성들의 옷은 몽고제도를 많이 따랐던 것을 알 수 있고, 남성들의 의관은 전통적 방식을 고수한 것임을 알 수 있다. 박제가는 여성들의 복색이 중국 것을 따른 것에 대해 이를 못마땅하게 보았음을 알 수 있다. 그 이유를 고려조까지 거슬러 올라가 원나라 왕비들의 복색을 숭상한 전통이 이어져 온 것으로 보았다.

---

31) 『북학의』 女服

"적삼은 날이 갈수록 짧아지고 치마는 날이 갈수록 벌어지기만 하는데,
이런 모양으로 제사(祭祀) 때나 빈객(賓客)을 대접할 때 행세하니 한심하
다고 하지 않을 수가 없다."[32]

한국 여성들의 옷 모양이 중국의 것을 따라서 윗도리 적삼이 계
속 짧아지고, 치마는 갈수록 벌어졌다는 박제가의 못마땅한 지적을
통해 당시 중국으로부터 들어온 복색 디자인 스타일에 보수적 태
도를 알 수 있다. 외래 복색 문화수입은 남성의류보다는 여성의류
쪽에서 선구적이었음을 알 수 있다. 오늘날 우리나라 여성의상의
유행과 외래수입속도가 남성의 것을 앞지르는 것과 다름이 없다.

박제가는 당시 우리나라의 간장과 된장을 만드는 과정을 일일이
살펴본 후 그 비위생적인 요소를 신랄하게 지적하고 있다. 중국 음
식보다 우리 음식이 낫다고 주장하는 근거 없는 비교에 대해 우리
나라의 된장과 간장 담그는 과정을 소상히 밝혀 그렇지 않음을 적
시하였다. 나아가 우리나라의 장 담그는 문화에 있어서 이러한 더
러운 과정을 미연에 막으려면 관청을 두어 만들어야 한다고 주장
하였다. 아니면 강계(江界)에서 만드는 방법처럼 정갈하게 하여야
함을 제시하기도 하였다. 과정에서 나타나는 더럽고 비위생적인 측
면의 지적은 실로 예리하다.

"우리나라 사람은, 우리 음식이 중국 음식보다 낫다고 자랑하는데, 그
것은 근본을 모르는 말이다. 더러워서 입에 댈 수조차 없는 것이 간장이
다. 지금 강가에나 혹은 절에서 메주를 만드는 자들은 메주 만들 철이 되

---

32) 『북학의』 女服

면, 원근 여러 지방의 콩을 모아 찌는데, 콩이 많으므로 다 정하게 하지
못한다.

주는 사람도 가려서 주지 아니하고 받는 사람도 씻지 않아서 모래나
좀벌레가 섞여 있는데도 그들은 예사로 알고 겸연쩍게도 여기지 않는다.
그 장을 먹으려고 하면서 그 메주를 더럽게 취급하니, 이것은 먹는 우물물
에 똥을 넣는 것과 같다. 또 콩을 삶아서 부서진 뱃바닥에 쏟고는 옷을
걷어붙이고 맨발로 밟는데 온몸에서 흐르는 땀이 모두 발밑으로 흘러나오
고, 또 여러 사람들의 침과 눈물이 모두 뱃바닥으로 고인다. 요사이도 가
끔 된장 속에서 빠진 발톱과 머리카락을 발견하게 된다. 결국은 체로 모래
와 지푸라기 따위 잡것을 다시 걸러 버린 뒤에라야 먹을 수 있다. 서로
얽혀진 폐단이 이와 같으니 생각하면 구역질이 나는 일이다. 그러니 모름
지기 나라에서 관청을 설치하여 장 만드는 것을 감독하고 편리한 기구를
사용하도록 가르쳐야 할 것이다.

지금 강계(江界) 사람은 메주를 만들 때 반드시 물에 걸러 일고 삶아서
익으면 망치로 쳐서 한 장씩 만들어 내는데 아주 반듯하게 한다."33)

박제가는 중국에서 우물을 보고 그 과학적인 관리와 이용에 대
해 느낀 바를 적고 있다. 이러한 내용은 연암 박지원이 열하일기를
통해 북경에서 보고 왔던 우물에 대한 느낌과 대동소이하다.34) 특
히 물을 길을 때에 도르래 원리를 사용한 것에 대해 박제가와 박지
원은 시기를 달리해서 보았지만 대단히 그 과학적 원리에 놀라움
을 금치 못하고 있다.

"그곳의 우물은 비록 크지만 반드시 구멍 뚫은 돌이나 혹은 나무로 덮
어서 아가리를 작게 하여 사람이나 짐승이 빠지는 것을 예방하고 먼지를

---

33) 『북학의』 醬

34) 연암 박지원은 『열하일기』에서 중국에서 보고 온 우물에 대해 물의 성질과 관련하여, 물은
음의 성질이 있으므로 우물에는 뚜껑을 반드시 덮어 그 성질을 유지토록 하고 먼지가 들어가
지 않아야 하며, 과학적인 도르래의 원리를 이용해 쉽게 물을 퍼 올리는 이치를 배워야 한다
고 서술하였다.

막게 되어 있다. 거기에 도르래를 설치하였는데, 새끼에다 통 두 개를 매
달아 하나가 왼쪽으로 돌아가면 다른 하나는 오른쪽으로 돌게 되어 한 통
이 올라오면 또 한 통은 벌써 우물 수면에 내려가게 되어 있다. 그 효용
가치는 보통 것과 비교하면 갑절은 된다."35)

6. 맺음말

19세기 말의 실패를 역사적으로 성찰해 보면, 일찍이 18세기에
실학파의 사회사상을 채용하여 근대 지향적 대개혁을 단행하지 못
하고 오히려 실학자들을 박해한 사실에 대해 안타까움을 금할 수
없다. 당시의 집권세력과 그의 추종 학파가 공리공담과 부문허례(浮
文虛禮)의 형식주의에 빠져서 나라와 겨레의 미래는 생각하지 않고
일가일문의 사리사욕에 빠져 있을 때, 새로운 흐름의 실학파는 이를
비판하면서 새로운 사상과 학문으로서 '실학'을 창도하였다.

본 연구를 통해 보면, 박제가는 중농, 중상, 중공업적 사고를 지
녔을 뿐만 아니라 나태한 현실을 혁파하는 혁신적 사고를 가진 실
학자였음을 알 수 있다. 우리의 농사에 축력으로 절대적 도구가축
이었던 소를 아끼는 마음과 관리하는 방법, 그리고 당시 교통수단
으로서 중시되었던 말(馬)에 관심이 지대해 말을 사육하고 관리하
는 방법에 이르기까지 상당한 식견을 가지고 있는 것이라든가, 밭
이나 논에 시비하는 일의 중요성과 거름관리 방법을 해박하게 설
명하고 있는 일, 면 옷과 더불어 옷감의 근간이 되었던 농잠에 대

---

35) 『북학의』의 市井, 이러한 우물의 성질, 활용, 관리방법에 관한 내용은 박지원의 『열하일기』
　　에도 나와 있다.

한 세세한 지식과 설명, 나아가 과실의 겨울철 보관법과 관리하는 방법 등은 박제가의 농업지리와 관련된 애민사상과 지식의 깊음을 알 수 있게 해 준다.

한편, 중상주의적 그의 사상은 날카롭기까지 하다. 박제가는 당시 우리나라가 가난한 주요 원인이 수공업과 상업을 천시하고, 특히 상업을 말업(末業)이라 하여 억말정책(抑末政策)으로 상업의 발전을 억압하는 데 있다고 보고, 도리어 상업이 크게 진흥되어야 함을 역설하면서 그 이유를 첫째, 한 지방의 무용한 재화와 다른 지방의 유용한 재화가 전국적으로 활발히 유통되어야 전국의 자원이 합리적으로 이용되어 이용후생이 비약적으로 증대되고, 둘째, 소비의 수요가 일어나서 생산을 자극하여 생산증대를 가져올 수 있으며, 셋째, 상업이윤을 계속 추구하는 과정에서 교통운수수단과 수공업에도 기술혁신이 일어나서 나라와 백성이 부유하게 된다고 보았다. 박제가는 우리나라의 상업을 진흥시키기 위해 상인의 수가 총인구의 30% 정도는 될 필요가 있다고 구체적인 비율까지 제시하면서, '태유(汰儒)'당한 종래의 양반신분층을 상인층화하여 이를 충당하도록 구상하였다.

수공업 및 선진기술의 도입 필요성을 또한 강조하였다. 박제가는 국내의 기술혁신을 위한 긴급한 대책의 하나로 중국으로부터의 선진기술의 도입을 주장하면서 첫째, 해마다 10명씩 재주 있는 기술자를 선발하여 사신을 중국에 파견할 때 통역관 중에 끼어 넣어서 중국의 선진기술을 배우고 기구도 사 오게 하며, 둘째, 나라 안에 기술혁신을 연구하고 관리하는 관청을 세워서 배워 온 선진기술을 물력(物力)을 내어 실험하고 나라 안에 반포하며, 셋째, 그런 연후에 그 사람이 배워 온 선진기술의 규모와 효과의 허실을 관찰하여 상벌을 내리고, 넷째, 한 사람을 세 번 중국에 보내되 별로 효과가 없는 사람은 교체해서 다시 선발하도록 할 것을 제안하였다. 이렇게 해서 10년 안에 중국의 선진기술을 모두 배우고 도입할 수 있을 것이라고 하였다. 박제가 관심은 선진기술의 도입 방법에 이르기까지 구체적으로 세심한 데까지 이르고 있다.

본 연구 결과, 박제가는 그의 저서 『북학의』에서 경제지리적 깊은 식견과 지식을 겸비한 중상주의적, 중농주의적, 중공주의적 사고와 철학을 주창한 당대의 훌륭한 실학자였음을 알 수 있다. 그의 현실적인 지리적 지식과 경제관이 적절하게 받아들여졌다면 조선시대 후기의 국력신장은 어떻게 되었을 것인가를 생각해 보게 된다.

참고문헌

김인숙, 1994, 박제가의 북학사상 연구-북학의를 중심으로, 단국대학교 학위논문.

이익성, 1992, 실학사상독본, 한길사.

이현숙, 1990, 북학의를 통해 본 박제가의 농업개혁사상, 이화여자대학교 교육대학원 학위논문.

김경미, 1991, 박제가 詩의 연구, 연세대학교 박사학위논문.

장우석, 1999, 초정 박제가의 교육사상, 동국대학교 교육대학원 학위논문.

정일남, 2001, 박제가의 詩論과 詩, 성균관대학교 박사학위논문.

손용택, 2004, 목민심서의 경제지리.

손용택, 2006, 성호사설에 나타난 지리관 일고찰-천지문을 중심으로.

손용택, 2005, 열하일기를 통해 본 청조의 제도, 문물, 경제 고찰.

愼鏞廈, 1997, 조선후기 실학파의 사회사상연구, (주)지식산업사: 서울.

盧道陽李・李錫浩(譯), 1975, 韓國名著大全集: 擇里志・北學議, 大洋
　　書籍: 서울.

제3장

박지원의 『열하일기(熱河日記)』
−자연지리적 인식·문화지리적 인식·지역지리적 인식을 중심으로−

1. 서론

1) 연구 동기

인조(仁祖) 15년 이후 조선조 말에 이르는 250여 년 동안 500회 이상의 사행이 청국(清國)을 다녀왔다. 그리고 이러한 활발한 대외 교섭의 소산으로 현재까지 알려진 것만도 100여 종이 넘는 수많은 연행록이 쏟아져 나왔다. 『열하일기』는 이와 같은 연행록의 전통을 배경으로 해서 출현할 수 있었다.[1]

연암 박지원은 정조 4년(1780) 삼종형 박명원(朴明源)이 청나라 건륭제의 칠순 잔치에 가는 길에 동행하여 중원에 들어가는 도중 열하(熱河)에 이르러 그곳의 문인들과 사귀고, 연경(燕京)에 가서는 명사들과 교류하면서 거기서 듣고 본 문물과 제도를 돌아와 『열하일기』로 엮었다.[2] 『열하일기』 내용은 크게 두 부분으로 구분해 볼 수 있다. 첫째, 압록강을 건너 청나라에 입국한 후 성경(盛京, 오늘

---

[1] 金明昊, 1988, 燕行錄의 傳統과 熱河日記, 韓國漢文學研究, 燕巖 朴趾源 先生 誕辰250 週年 紀念 特輯號(第11輯), 韓國漢文學研究會, 41쪽.

[2] 『열하일기』의 연행 행로는, '한양(서울) – 박천 – 의주 – 요양 – 성경(심양) – 거류하 – 소흑산 – 북진 – 고령역 – 산해관 – 풍윤 – 옥전 – 계주 – 연경(북경) – 밀운성 – 고북구 – 열하'이다. '요양' 은 오늘날 요동벌판이라 일컫는 곳이다. '성경'은 오늘날의 '심양'이고, '산해관'은 만리장성과 함께 외적으로부터 중국을 지키기 위해 쌓은 관문이다. '고북구'는 5천년 역사상 최고의 문장 이라는 『야출고북구기』의 배경이 된 곳이다.
'열하'라는 지명은 강희(康熙) 이후 역대의 청조 황제들이 거처했던 여름 한철의 별궁 소재지 를 가리킨다. 오늘에는 '승덕(承德)'이라 불리는 이곳은 북경에서 약 230㎞ 떨어진 하북성 동 북부, 난하(灤河) 지류인 무열하(武烈河) 서안에 위치하고 있는데, 열하라는 원명은 이 무열하 연변에 온천들이 많아 겨울에도 강물이 얼지 않는 데에서 유래한 것이다. 이곳은 황제의 피서 지이자 행재소이며, 몽골, 티베트, 이슬람 등 온갖 이질적 문명이 각축했던 곳이다. 천신만고 끝에 연행단이 연경(북경)에 도착했으나 황제(건륭제)가 '열하'에 와 있었으므로 무박나흘의 강 행군이 열하까지 연장된다.

날의 심양)을 거쳐 산해관(山海關)을 지나 북경에 도착하기까지의 말로만 듣던 청나라의 발전된 문물과 제도를 실제로 접하면서 매우 흥분된 감회를 기록한 『渡江錄』을 비롯하여 『盛京雜識』, 『馹迅隨筆』, 『關內程史』 등의 글과 둘째, 북경에 잠깐 체류한 뒤 열하까지 갔다가 오면서 견문하고 관찰한 청조의 정치 외교의 실상을 기록한 『漠北行程錄』, 『太學留館錄』, 『還燕道中錄』 등의 열하여행의 일정과 견문을 기록한 글이다.[3] 본 연구에서 주목한 것은 전자의 세 편에 대한 내용까지이다.

압록강을 건너면서부터 연암은 말로만 듣던 청인들의 삶의 모습을 직접 눈으로 보면서 큰 충격을 받았다. 그리고는 그들의 발달된 문물제도를 부러운 마음을 가지고 세심히 관찰하였다. 연암은 중국의 문물제도를 배워 와 우리나라 백성들의 삶을 윤택하게 하는 데 도움이 되도록 하고 싶었다. 그러나 그것은 쉬운 일은 아니었다. 당시 조선사회는 춘추대의(春秋大義)라는 명분론에 사로잡힌 유학자들이 지배하고 있는 사회였기 때문이었다. 그들은 청조가 지배하는 중국은 오랑캐의 나라이므로 그들에게서 배울 것은 아무것도 없다고 하여 존명배청사상(尊明排淸思想)으로 무장한 사회였다. 연암은 현실적으로 백성들의 삶에 아무런 도움이 되지 않는 춘추 의리론의 허상을 『열하일기』 도처에서 언급함으로써 그들의 시대에 뒤떨어진 자세를 간접적으로 풍자 비판하고, 한편으로는 그들이 대청인식을 새롭게 하길 기대했다.

연암은 중국을 여행하면서 명승고적의 비문(碑文) 주련(柱聯), 서

---

3) 朴箕錫, 1997, 『열하일기』를 통해 본 연암의 대청의식과 '호질'의 주제, 국어교육, 한국국어교육연구회, 328쪽.

화, 연극 등 그들의 문화예술을 깊은 관심을 가지고 대하였으며, 경우에 따라서는 좋은 글귀나 문장을 채록하거나 발췌하기도 하였다. 끝없이 펼쳐진 요동 벌판을 지나면서 지금은 중국이 지배하는 이곳이 원래는 우리의 옛 고구려 땅이었음을 말하기도 하는 등 우리의 역사에 대해서도 깊은 관심을 드러냈다. 그리고 청나라의 정치, 경제, 사회 등 문물제도와 이에 따른 이용후생에 관해서도 많은 관심을 보였다.

박지원은 조선 정조 때의 북학파 실학자로서 홍대용(洪大容), 박제가(朴齊家) 등과 함께 청나라의 문물을 받아들일 것을 강력히 주장하는 등 이용후생(利用厚生)하는 실생활을 강조하고 우리나라의 정치, 경제, 사회, 문화 전반에 걸쳐서 비판하고 개혁을 주장하였다.

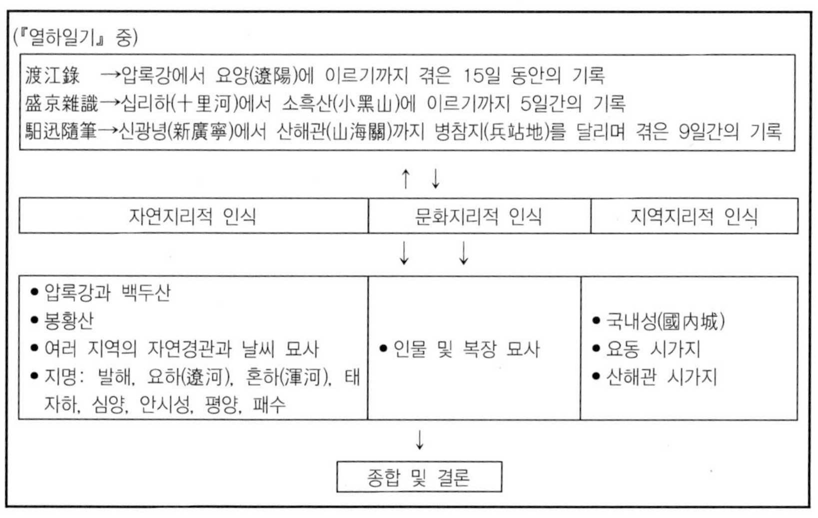

〈그림 1〉 연구 설계와 내용 구조

본 연구에서는 연암의 인식이 『열하일기』에서 어떻게 표출되고 있는지를 살피되, ① 그의 눈을 통해 바라보고 이해한 당시의 산수(자연경관)와 지명에 대한 내용, ② 당시 청조의 인물들과 복장에 관련한 내용, ③ 연행 과정에서 거쳐 가는 지역의 경관과 시가지의 묘사 등 지역지리의 성격 파악 등에 주안점을 두었다. 이들 주제에 한정하여 연암의 인식 세계를 들여다봄으로써 당시 淸朝의 자연과 인물, 지역 등을 비교한다. 이러한 과정을 통해 당시의 외부세계에 대한 지리적 사유(思惟), 즉 연암이 느꼈던 지리관을 음미해 보고자 한다.[4]

2) 연구내용 및 방법

본 연구의 연구내용은 다음과 같다.

첫째, 『열하일기』의 내용을 통해 자연지리적 인식으로서 당시의 자연경관과 기후, 날씨 등에 대한 연암의 지리적 지식과 관(觀)을 알 수 있다. 그리고 청나라의 지명들에 대한 연암의 설명을 바탕으로 그의 지리적 관심과 지리관을 살필 수 있다.

둘째, 문화 지리적 인식으로서 당시 청조(淸朝)의 각계각층의 인물들과 복장이 어떻게 그려지고 있는지 조사한다.

셋째, 연행 경로마다의 지역들에 대해 연암은 경관과 지역을 어떻게 그리고 있는지 살펴서, 이들 지역들에 대한 지역지리적 성격을 규명해 볼 수 있다.

넷째로, 이상의 분석 내용을 바탕으로 18세기 후반 청조(淸朝)에

---

4) 본 연구의 원문 해석은 '나랏말쏨 7 열하일기', 솔(주) 간행본을 대본으로 하였다.

대한 연암의 지리관을 정리, 서술할 수 있다.

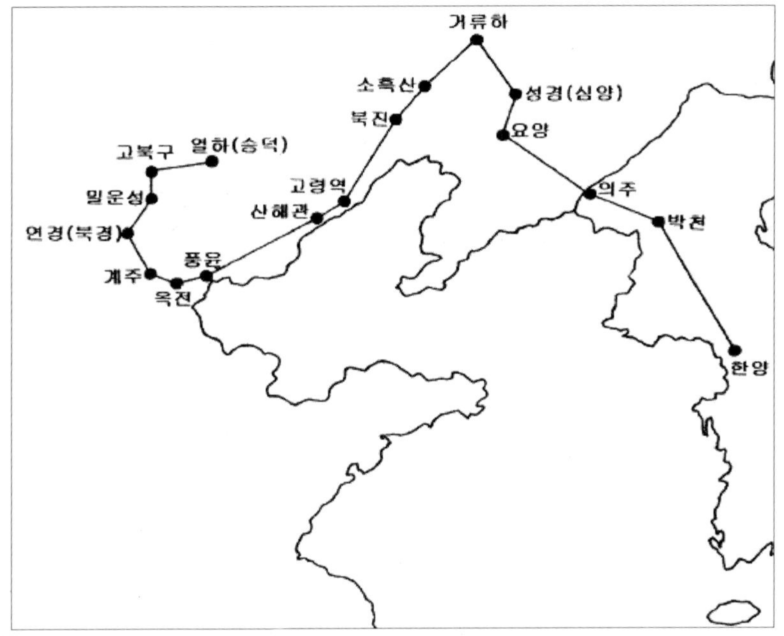

〈그림 2〉『열하일기』에서의 연암의 연행 경로

한편, 분석 방법은 다음과 같다.

첫째,『열하일기』의『渡江錄』,『盛京雜識』,『馹汛隨筆』등 세 편
이 수록된 번역본 전체를 꼼꼼히 읽으면서 지리내용과 관련된 내용
들을 전부 발췌한다.

둘째, 발췌한 내용들을 자연지리적 인식, 문화지리적 인식, 지역지
리적 인식 등 현대지리적 학문분류체계에 맞추어 내용을 분류한다.

셋째, 분류한 내용들을 분석하고 해석한다.

넷째, 이상에서 분류하고 해석한 내용을 종합하여(청나라에 대한)

연암의 지리관을 요약 정리한다.

연구의 제한점으로는, 첫째, 『열하일기』 전체를 다루지 못했고 『渡江錄』, 『盛京雜識』, 『馹迅隨筆』이 포함된 절반에 해당하는 내용을 다룬 점이다. 나머지 절반의 번역본 제2권은 추후 연구과제로 남겨 놓는다.

둘째, 분석 내용에 대한 지리적 해석 및 설명에 객관화시키려는 노력을 기울였으나, 부분적으로 연구자의 주관이 개입될 수도 있음을 밝힌다.

2. 자연지리적 인식

1) 자연경관 인식

(1) 압록강과 백두산

『열하일기』의 첫머리는 압록강의 장관에 대한 인상적인 묘사로부터 시작되고 있음은 매우 주목할 만하다. 의주(義州)에 머물던 일행이 방물(方物)이 모두 도착하기를 기다려 강을 건너려던 차에, 한때의 호우로 크게 불어난 강물은 나흘이 지나도록 더욱더 거세어질 뿐 물살이 원상태로 돌아가지 않았으며 나무와 돌이 함께 굴러 내리고 혼탁한 파도는 하늘과 맞닿을 듯이 날뛰었는데, 이는 천리나 떨어진 압록강의 발원지 백두산 일대에 장마가 진 때문이었다고 설명하는 부분은 섬세한 자연 현상의 관찰 안목을 바탕으로 한 서술이다. 압록강과 백두산에 대한 설명은 그가 얼마나 박식한가를 보여준다. 『唐書』, 『山海徑』, 『皇輿考』, 『兩山墨談』 등의 4가지 서적을 고증하여 압록강의 명칭의 유래와 그 발원을 밝히고 있다. 한 가지 사물을 설명하는 데 철저한 전거(典據)를 바탕으로 정확히 논증을 시도한 것은 연암의 학자적 기질이 반영된 것이다.[5]

> 6월 24일. 보슬비가 온종일 뿌리다 말다 하다.
>
> (전략) 그동안 장마가 져 강물이 불어나 물살은 더욱 거세어 나무와 돌이 함께 굴러 내리고, 탁한 물결이 하늘과 맞닿았다. ……『당서(唐書)』를 상고해 보면, "고려의 마자수(馬紫水)는 말갈의 백산(白山)에서 나오는데, 그 물빛이 마치 오리의 머리처럼 푸르므로 압록강이라 불렀다." 하였으니, 백산이란 곧 장백산을 가리킨다.
>
> 『산해경(山海經)』에는 불함산(不咸山)이라 일컬었고, 우리나라에서는 백두산이라 일컫는다. 백두산은 모든 강이 발원되는 곳인데, 그 서남쪽으로 흐르는 강이 곧 압록강이다. 또 『황여고(黃輿考)』에는 "천하에 큰 물 셋이 있으니, 황하·장강·압록강이다." 하였고, 『양산묵담(兩山墨談)』에는, "회수(淮水) 이북은 북쪽 가닥이다. 모든 물이 황하로 모여들기 때문에 강이라 이름한 것이 없는데, 다만 북쪽으로 고려에 있는 것을 압록강이라 부른다." 하였다.
>
> ……(중략) 나는 말 위에서 칼을 뽑아 갈대 하나를 베어 보았다. 껍질이 단단하고 속이 두꺼운 게 화살을 만들 수는 없으나 붓자루를 만들기에는 알맞을 것 같았다. 이때 놀란 사슴 한 마리가 보리밭머리를 나는 새처럼 빠르게 갈대를 뛰어넘어 일행이 모두 놀랐다(『渡江錄』, 6월 24일, 나랏말씀 7 열하일기, 솔: 서울, 8-9쪽).

청나라 쪽 압록강 맞은편 기슭의 갈대숲과 검은 진흙 바닥, 뛰노는 사슴 등 때 묻지 않은 자연경관이 그림으로 다가오듯 생생하게 묘사하고 있어 당시의 압록강변 자연환경을 잘 그려 주고 있다.

---

5) 姜東火華, 1982, 熱河日記의 文學的 硏究, 건국대학교 박사학위 논문, 미간행, 99-100쪽.

(2) 봉황산

『도강록(渡江錄』의 27일 일기 내용 중 청나라의 봉황산을 바라 보고 그 느낌을 적은 가운데 연암은 문득 비교하기를, 우리나라 금 강산세의 느낌, 한양(서울)의 도봉산과 삼각산의 기운을 묘사하며 우리나라 서울(한양) 산세의 우월함을 잘 묘사한다.

(전략) 멀리 봉황산을 바라보니 온 산을 돌로 깎아 세운 듯 평지에 우 뚝 솟아 있다. 그 모습이란 마치 손바닥 위에 손가락을 세운 듯하며, 반쯤 핀 연꽃 봉오리 같기도 하고, 하늘가에 뭉게뭉게 떠도는 여름 구름의 기이 한 자태와도 같아서 무어라 형용하기 어려울 정도이나 다만 맑고 윤택한 기운이 모자라서 흠이다.

내가 일찍이 우리나라 한양의 도봉산과 삼각산이 금강산보다 낫다고 한 일이 있다. 왜냐하면 금강산은 그 골짜기를 보건대, 이른바 일만 이천 봉 이 그 어느 것이나 기이하고 높고 웅장하고 깊지 않은 것이 없어서 짐승 이 끄는 듯, 새가 날아가는 듯, 신선이 공중에 솟는 듯, 부처가 도사리고 앉아 있는 듯이 음산하고 그윽함이 마치 귀신의 굴속에 들어간 것 같다. 일찍이 신원발(申元發)과 함께 단발령에 올라 금강산을 바라본 일이 있다. 때마침 끝없이 파란 가을 하늘에 석양이 비꼈으나, 다만 창공에 닿을 듯 빼어난 빛과 제 몸에서 우러난 윤태가 없음을 느껴 금강산을 위해서 한 번 긴 탄식을 하지 않을 수 없었다. 그러고 나서 배를 타고 상류에서 내 려오면서 두미강(頭尾江) 어귀에서 서쪽으로 한양을 바라보니, 삼각산의 모든 봉우리가 깎아지른 듯이 파랗게 하늘에 솟구쳤다. 엷은 내와 맑은 안 개 속에 밝고 곱게 아리따운 자태가 나타났다. 또 일찍이 남한산성의 남문 에 앉아서 북쪽으로 한양을 바라보니, 마치 물위의 꽃이나 거울 속의 달과 같았다. 어떤 이는 말하기를,

"초목에서 이는 광택이 공중에 어리는 것은 곧 왕기(旺氣)이다." 하였 으니, 왕기(旺氣)가 곧 왕기(王氣)이고 보면, 우리 한양은 실로 억만 년을 누릴 용이 서리고 범이 걸터앉은 형세여서, 그 신령스럽고 밝은 기운이야 말로 당연히 범상한 산과는 다를 수밖에 없다. 이제 이 봉황산의 기이하고 높고 빼어난 형세가 아무리 도봉산, 삼각산보다 나은 점이 있다 할지라도

공중에 어린 광택은 한양의 모든 산에 미치지 못할 듯하다(『渡江錄』, 6
월 27일, 나랏말씀 7 열하일기, 솔: 서울, 34-35쪽).

위의 글을 통해, 연암의 산을 보는 눈은 높게 치솟은 산세지형의
기이함만을 보는 것이 아니다. 일만 이천 봉 천태만상의 금강산도
최고로 치지 않는다. 한양의 산들처럼 창공과 어우러진 윤태, 즉
왕기(旺氣)의 기운이 어린 산들을 으뜸으로 치고 있다. 즉 자연지
형으로부터 발산되는 기(氣)를 더불어 중시하는 자연관을 알 수 있
다. 청나라의 봉황산이 높고 웅장하지만, 이는 천태만상의 금강산
만 못하며, 금강산은 또한 도봉 삼각산만 못한 것으로 간주하였다.
한양의 산들은 바위와 숲이 어우러지며 발산되는 자연의 기(氣) 측
면에서 으뜸이라 는 것이다. 그는 삼각산을 두고 여러 측면에서 관
찰하고 있다. 곧 한강 상류에서 배를 타고 내려오면서 관찰하고,
또 남한산성 남문에서 북쪽을 바라보면서 관찰한 것을 서로 다른
각도와 분위기에서 묘사하고 있다. 한 가지 사물을 두고 여러 측면
에서 주도면밀하게 관찰하는 태도를 읽을 수 있다.

또한 당시 멀리서 바라본 투명하도록 선명히 보이는 한양의 산
들에 대한 묘사를 통해 한양의 산수가 대단히 깨끗한 환경이었음
을 상상할 수 있다.

(3) 경관과 날씨

대부분의 연행록들은 여행 당시의 기후라든지 경과 지역의 자연
풍경에 관해서는 필요한 최소한의 기술에 그치는 것에 비하면『열
하일기』에서는 도처에 연로의 이국적인 자연 풍경과 기상 변화를

놓치지 않고 상세히 묘사하고 있음은 돋보이는 부분이다.6) 빈번히 나타나는 이러한 경관서술과 일기의 묘사는 이역만리의 낯선 땅을 여행하는 실감을 자아내는 데 매우 효과적이거니와, 때로는 여행하는 과정에서 겪게 되는 사건들의 배경으로서도 대단히 훌륭한 기능을 한다고 할 수 있다.

> 새벽에 일어나 아침세수를 마치니 몹시 고단했다. 달이 막 지니 온 하늘에 총총한 별들이 모두 깜박거리고 마을 닭들이 번갈아 울어 댄다. 몇 리를 못 가서 안개가 뽀얗게 끼어 큰 들이 삽시간에 수은(水銀) 바다를 이루었다. 의주 장사꾼 한 떼가 서로 지껄이며 지나가는데, 그 모습이 몽롱하여 마치 꿈속에서 기이한 글을 읽는 것처럼 분명하지는 않으나 그 영걸스러운 경지는 이루 다 말할 수 없다.
>
> 조금 뒤에 하늘빛이 환해지며, 길가에 늘어선 수많은 버드나무에서 매미가 한꺼번에 울기 시작한다. 저들이 저처럼 알리지 않아도 이미 낮 더위가 몹시 뜨거운 줄은 알고 있다. 들판에 가득했던 안개가 점차 걷히고 먼 마을 사당 앞에 세운 깃발이 마치 돛대처럼 보인다. 동쪽 하늘을 돌아보니, 붉은 구름이 용솟음치며, 붉은 해가 옥수수 밭 저편에서 솟을 듯 말 듯 천천히 온 요동벌이 꽉 차게 떠오른다. 땅위에 오가는 말이며, 수레며, 조용히 서 있는 나무와 집 등 마치 털끝같이 자잘하게 보이는 것들이 모두 햇살을 받기 시작하였다(『盛京雜識』 7월 13일, 나랏말씀 7 열하일기, 솔: 서울, 190 – 191쪽).

꼭두새벽에 숙소를 출발하여 신민둔으로 향하던 도중의 여름날 농촌 풍경을 대단히 생생하게 그려 보이고 있다. 해뜨기 직전의 하늘에는 달마저 져 버려 별빛이 더욱 반짝거리고, 이에 호응하듯 지상의 마을에서 연이어 들려오는 닭의 울음소리, 새벽안개로 인해 '수은 바다'처럼 보이는 드넓은 요동 벌판과 "꿈속에서 기서를 읽은

---

6) 金明昊, 1989, 熱河日記 研究, 서울대학교 박사학위논문, 미간행, 225쪽.

듯” 안개 속을 통과하는 일행들의 환상적인 모습, 날이 밝자 걷혀가는 안개 바다 너머로 먼 마을의 깃대는 '돛대처럼' 드러나고, 한낮의 폭염을 예고하는 듯 연도의 수많은 버드나무로부터 일제히 들려오는 따가운 매미소리와, 끝없이 펼쳐진 옥수수 밭 위로 서서히 이동하며 이글거리는 붉은 태양, 이러한 선명한 이미지들을 절묘하게 구사함으로써 연암은 중국의 광활한 대지와 찌는 듯한 여름철 날씨, 그리고 짙은 안개와 폭염 속을 강행군하는 조선 사행의 고충을 구체적으로 느낄 수 있도록 묘사하고 있음은 대단히 사실적이다.

2) 지명

연암은 기행문 곳곳에서 지명의 유래를 설명하고 있다. 지명을 설명하는 과정에서 각종 관련 문헌을 들어 해당 지명의 기원, 유래 등을 밝혀 해설하는 박학다식한 기술태도는 그의 문학적 섬세함과 함께 사실적이고 객관적인 탐구적 학자정신과 풍모를 느끼게 한다.

(1) 발해
발해는 봉천부 남쪽에 있다. 『성경통지(盛京統志)』에 이르기를, "바다의 옆으로 나간 것을 발(渤)이라 한다." 하였다. 요동벌이 2천 리 뻗쳤는데 그 남쪽이 곧 발해이다(『盛京雜識』 7월 14일, 나랏말씀 7 열하일기, 솔: 서울, 214쪽).

(2) 요하(遼河)
요하는 숭덕현의 서쪽에 있다. 곧 구려하(句驪河)인데 혹은 구류하(拘柳河)라고도 한다. 『한서』와 『수경(水經)』에서는 모두 대요수(大遼水)라 하였다. 요수의 좌우가 곧 요동·요서의 경계이다. 당 태종이 고구려를 칠

적에 진펄 2백여 리에 흙을 깔아 다리를 놓고 건너갔다(『盛京雜識』 7월
14일, 나랏말씀 7 열하일기, 솔: 서울, 214쪽).

(3) 혼하(渾河)

혼하는 숭덕현 남쪽에 있다. 일명 소요수(小遼水)요, 아리강(阿利江) 또
는 헌우락수(軒芋落水)라고도 한다. 물은 장백산에서 발원하여 태자하와
합하고 다시 요수와 합하여 바다로 들어간다(『盛京雜識』 7월 14일, 나랏
말씀 7 열하일기, 솔: 서울, 214－215쪽).

(4) 태자하(太子河)

태자하는 요양 북쪽에 있다. 변문 밖 영길주(永吉州)에서 발원하여 변
문 안으로 흘러들어, 혼하 요하와 합쳐서 삼차하가 되었다. 세상에 전하기
를, "연나라 태자 단이 도망하여 이곳까지 온 것을 마침내 그의 머리를
베어 진나라에 바쳤으므로 후세 사람이 이를 가엾이 여겨 이 물 이름을
태자하라 하였다." 한다(『盛京雜識』 7월 14일, 나랏말씀 7 열하일기,
솔: 서울, 215쪽).

(5) 심양

소심수(小瀋水)는 숭덕현 남쪽에 있다. 동관(東關) 관음각(觀音閣)에서
발원하여 혼하로 들어간다. 물 북편을 양(陽)이라 하므로 심양의 이름이
대개 여기에서 연유된 것이라 한다(『盛京雜識』 7월 14일, 나랏말씀 7
열하일기, 솔: 서울, 215쪽).

(6) 안시성

때마침 봉황성을 새로 쌓는데 어떤 사람이, "이 성이 곧 안시성이다."
한다. 고구려시대 방언에 큰 새를 '안시'라 하니, 지금도 우리 시골말에
봉황을 '황새'라 하고 뱀을 '배암(白巖)'이라 한 것으로 보아, "수
당 때에 이 나라 말을 따라 봉황성을 안시성으로, 사성(蛇城)을 백암성(白巖
城)으로 고쳤다."는 전설이 자못 그럴싸하기도 하다(『渡江錄』, 6월 28일,
나랏말씀 7 열하일기, 솔: 서울, 61쪽).

(7) 평양

『당서』를 상고해 보면, 안시성은 평양의 거리가 5백 리요, 봉황성은 왕

검성(王儉城)이라고도 하였고, 『地誌』에는 봉황성을 평양이라 하기도 한
다고 하였으니, 이는 무엇으로 이름한 것인지 모르겠다. 또 『地誌』의 옛날
안시성을 개평현(蓋平懸)의 동북쪽 70리에 있다고 하였는데, 대체로 개평
현에서 동으로 수암하(秀巖河)까지가 3백 리이고, 수암하에서 다시 동으로
2백 리를 가면 봉황성이다. 그러니 만일 이성을 옛 평양이라 한다면 『당서』
에 이른바 5백 리라고 하는 말과 서로 부합한다고 여긴다(『渡江錄』, 6월
28일, 나랏말씀 7 열하일기, 솔: 서울, 63쪽).

연암은 위와 같이 쓰고, 말하기를 당시 조선사회의 사대부 선비
들은 단지 지금의 평양만 알고 있으므로, 기자(箕子)가 평양에 도
읍했다 하면 지금의 평양으로만 믿고, 정전(井田)이 평양에 있다
하면 또한 지금의 평양으로만 믿으며, 기자묘가 평양에 있다 하면
역시 지금의 평양으로만 믿어서, 만일 누가 봉황성이 곧 평양이라
고 한다면 크게 놀랄 것이다. 더구나 요동에도 하나의 평양이 있었
다고 하면, 이는 해괴한 말이라고 나무랄 것이라고 적고 있다. 이
러한 지적에 대해서는, 오늘날 중국의 고구려사에 대한 '역사침략'
이 논의되는 시점에서 생각해 볼 여지를 남겨 주는 부분이다.

(8) 패수
그들(조선사회의 선비들)은 아직 요동이 본디 조선의 땅이며, 숙신(肅
愼), 예(穢), 맥(貊), 동이(東夷)의 여러 나라가 모두 위만의 조선에 예속되
었던 것을 모르고, 또 오랄(烏剌), 영고탑(寧古塔), 후춘(後春) 등지가 본
디 고구려의 옛 땅임을 모른다. 아, 후세사람들이 이러한 경계를 밝히지
않고 무턱대고 한사군을 모두 압록강 이쪽에다 몰아넣어서 억지로 사실을
끌어다 맞추어 구구하게 분배하고 또는 패수(浿水)를 그 속에서 찾는데,
압록강을 가리켜 패수라 하고 혹은 청천강을 패수라 하며 혹은 대동강을
패수라 한다. 이리하여 조선의 강토는 싸우지도 않고 저절로 줄어들었다.
무엇 때문일까. 평양을 한곳에 정해 놓고는 그때그때의 사정에 따라 패수
의 위치를 앞으로 내고 뒤로 물리고 했기 때문이다(『渡江錄』, 6월 28일,

나랏말씀 7 열하일기, 솔: 서울, 63-64쪽).

한 가지 사물을 설명하는 데 철저한 전거(典據)에 의하여 논증하는 글이란 그 내용을 정확히 밝혀야 하며 그것을 위하여는 '송자지유증(訟者之有證)'의 전개 방법을 따라야 한다는 박지원의 문장에 대한 생각을 잘 반영하고 있다. 이 같은 지적은 옛 고구려의 영토에 대하여 우리나라 사람들은 스스로 좁혀서 말하지만, 실제로는 더욱 넓음을 '평양'과 '패수'라는 지명을 예로 들어 설명한 것에서도 잘 나타난다. 당시 조선의 국경에 대하여 중국의 사서(史書)를 고증하여 우리나라 학자들의 잘못된 인식을 지적하고, 앞서서 국토를 좁혀 버린 것을 개탄하고 있는 부분은 오늘날의 한·중 간의 역사논쟁과도 관계있는 내용이다. 연암의 이러한 일을 지적한 글 속의 논리적 전개를 보면, 충분한 고증이 없이 추측에 의하여 고(古) 지명과 국경을 이해하려는 태도에 대하여 경계하고 있다. 이 같은 박지원의 지적들은 17~18세기라는 시대적 상황에 비추어 볼 때 강한 자주의식과 역사의식을 가졌기 때문에 가능한 일이다.[7]

3. 문화지리적 인식

연암의 『열하일기』에는 곳곳에 인물에 대한 묘사가 나온다. 당시 청조(淸朝)의 인물들을 날카롭고 섬세하게 살펴 그 특징을 기술하

---

7) 李萬烈, 1977, 17·8세기의 史書과 古代史認識 李佑成 外, 1977, 韓國의 歷史認識(下), 創作과 批評社, 333-392쪽.

고 있어 퍽 흥미롭다.

(전략) 울타리에서 수십 보 되는 거리에 세 사신의 막을 치고 조금 쉬려니까 방물이 다 이르렀으므로 책문 밖에 쌓아 두었다. 뭇 되놈들이 울타리 안에 죽 늘어서서 구경을 하는데, 전부가 맨머리 바람에 담뱃대를 물고 손으로는 부채질을 하고 있었다. 어떤 녀석은 검은 공단으로 지은 옷을 입고, 또는 수화주(秀花紬), 생포(生布), 생저(生苧), 삼승포(三升布), 야견사(野繭絲) 등으로 지은 옷들을 입었으며, 바지들도 마찬가지였다. 허리에 주렁주렁 차고 있는 것이 많았는데, 수놓은 주머니 서너 개와 조그마한 칼에 모두 쌍아저(雙牙箸)를 꽂았고, 담배쌈지는 호리병처럼 생겼는데, 거기에다 꽃, 풀, 새 또는 옛사람의 이름난 글귀를 수놓은 녀석도 있었다(『渡江錄』 6월 27일, 나랏말씀 7 열하일기, 솔: 서울, 36쪽) ……(중략) 잠시 후 어떤 소경이 어깨에 비단주머니를 걸고 손으로 월금(月琴)을 뜯으면서 지나간다(『渡江錄』, 6월 27일, 나랏말씀 7 열하일기, 솔: 서울, 39쪽).

압록강을 건너면서 펼쳐지는 지역, 즉 중국의 동쪽 변두리 지방(＝책문)에 대한 묘사이다. 청나라 사람들의 변발과 공단이나 각종 천으로 된 의복을 하며 주렁주렁 달린 주머니 및 장신구, 담배쌈지 등 당시의 그들 복색을 눈에 보이듯 그리고 있다. 변발을 한 것이나 공단 등의 옷감으로 된 옷을 입은 것은 우리와 차이가 있지만, 많은 사람들이 담배를 즐기고, 더운 여름철에는 우리처럼 부채를 사용한 점, 그리고 모시를 이용한 옷감 등이 우리와 유사했음을 알 수 있다.

마을이 가까워 올 때마다 군뢰를 시켜 나팔을 불게 하고 마두 넷이 합창으로 권마성(勸馬聲)[8]을 부른다. 그러면 집집마다 여인들이 문이 메어지도록 뛰어나와 구경들을 한다. 늙은이건 젊은이건 차림은 거의 같다. 머리에

---

8) 높은 관리의 행차 앞에서 위엄을 돋우고 행인을 물러서게 하기 위해 하인이 부르는 소리

는 꽃을 꽂고 귀고리를 드리웠으며, 화장은 살짝 하였다. 입에는 모두 담뱃대를 물었고, 손에는 신바닥에 까는 베와 바늘, 실 등을 들고 어깨를 비비고 서서 손가락질을 하면서 깔깔거리고 웃는다. 한(漢)족 여자는 여기서 처음 보는데 모두 발을 감고 궁혜를 신었는데, 자색은 만주 여자만 못하다. 만주 여자 중에는 얼굴이 예쁘고 자태가 고운 이가 많았다(『渡江錄』, 7월 9일, 나랏말씀 7 열하일기, 솔: 서울, 119 - 120쪽).

사행단 일행이 요동 시가지에 접어들면서 구경 나온 한족(漢族) 여인들의 모습을 묘사한 것이다. 머리에 꽃을 꽂아 장식하고 엷은 화장에 귀고리를 하고 어깨를 맞대어 **빽빽**이 연도에서 수다를 떨며 웃어 대는 여인네들의 정경이 그림을 보는 듯하다. 감발에 궁혜를 신고 있는 것과 여인네들의 노소 할 것 없이 담배를 물고 있다는 표현은 『열하일기』 곳곳에 등장하고 있는데, 이는 우리와 크게 다른 풍속 가운데 하나이다. 연암은 만주족 여인들의 자색이 한족보다 뛰어나다고 보고 있다. 한편, 연암은 청나라에서 참외를 파는 노파에게 깜빡 속아 대단히 불쾌한 감정을 참았던 대목에 대해 다음과 같이 적고 있다.

(전략) 날이 저물어 먼 곳에 자욱이 번지는 연기를 바라보고 말을 채찍질하여 참(站)으로 달리는데, 참외 밭에서 한 늙은이가 나와 말 앞에 엎드려 네댓 칸쯤 되는 초가집을 가리키며, "이 늙은 것이 혼자 길가에서 참외를 팔아 생계를 이어가는데, 아까 당신네 조선사람 4, 50명이 이곳을 지나가다가 잠시 쉬면서 처음에 값을 내고 참외를 사 자시더니, 떠날 때는 모두 참외를 한 개씩 쥐고 소리를 지르며 달아나 버렸습니다." 한다. (중략)…… 방금도 쫓아가니까 한 사람이 길을 막으며 "참외로 저의 얼굴을 후려갈기는 바람에 눈에선 번갯불이 일고 얼굴에 아직도 참외물이 마르지 않았습니다." 하며 청심환을 달라기에 없다고 하였다.(중략)……
나는 마침 목이 마르던 참이라 한 개를 깎아 먹어 보았다. 향기와 단맛

이 비상하기에 장복에게 남은 네 개를 마저 사 가지고 가서 밤에 먹자고 하고, 창대와 장복에게 각기 두 개씩을 또 먹였다.(중략)…… 눈물을 흘려 가련한 빛을 보인 다음 참외 아홉 개를 팔고서 1백 문에 가까운 비싼 값을 내라고 떼를 쓰니 매우 통탄할 일이다. 아니, 그보다도 우리나라 하정배들이 길에서 못되게 구는 것이 더욱 한스러운 일이다.

어두워서야 참(站)에 이르렀다. 저녁식사 후 참외를 내어 내원과 계함 등에게 주어 입가심으로 먹게 하고는 길에서 하인들이 참외를 빼앗았다는 이야기를 하니, 여러 마두들이, "도무지 그런 일이 없었습니다. 그 외딴 집 참외 파는 늙은이가 본디 간교하기 짝이 없어. 서방님이 홀로 떨어져 오시는 걸 보고 거짓말을 꾸며 짐짓 가엾은 꼴상을 지어 청심환을 얻으려 던 것이었지요." 한다.

나는 그제야 비로소 속은 것을 깨닫고, 그 참외 샀던 일을 생각하니 분하기 짝이 없다. 더구나 즉석에서 흘린 노파의 눈물은 어디서 그렇게 솟아 났는지 모르겠다. 시대가, "그 늙은이는 아마 한인일 겁니다. 만주 사람들은 실로 그다지 요사스럽고 간악한 짓은 하지 않습니다." 한다(『盛京雜識』 7월 13일, 나랏말씀 7 열하일기, 솔: 서울, 195 – 197쪽).

7월 10일부터 14일까지 5일간 심양 주변을 지나며 적은 기록 가운데 연암이 참외 파는 노파의 거짓말에 속아 바가지를 쓰게 된 사건을 서술한 대목의 일부이다. 이 글을 통해 청나라의 만주족들은 상대적으로 순박한 심성의 사람들로, 한족(漢族)들은 때에 따라 간교한 인물들도 있음을 비교하여 분류하고 있다. 다음은 심양 주변을 지나며 겪은 몽골 사람들에 대한 묘사로서 그들의 사람됨을 잘 그려내고 있다.

(전략) 몽골 사람들은 모두 코가 우뚝하고 눈이 깊숙하며, 험상궂고 날래면서 사나운 꼴이 인간 같아 보이지 않는다. 게다가 옷과 벙거지가 남루하고 얼굴에는 땟국이 줄줄 흐른다. 그런데도 버선은 꼭 신고 다닌다. 그들은 우리 하인배들이 맨 정강이로 다니는 것을 보고는 이상스럽게 여기는

몸에 두르는 의상이 특이하고 지저분하며 화를 낼 줄 모르는 몽골 사람들에 대한 묘사를 실감나게 그리고 있다. 이러한 내용들을 통해 당시 청나라 인물들의 됨됨이를 간접적이지만 눈에 본 듯이 느낄 수 있다. 이처럼 『열하일기』에서 연암은 중국의 풍토와 각종 문물뿐 아니라, 바로 그 속에서 살아가는 인간들에 대해서도 지대한 관심을 표명하고 있다. 당시 청조사회의 각계각층에 속하는 다양한 인간 군상을 실로 생생하게 그리고 있다.

『열하일기』 곳곳에서 조선 사행과 동행한 중국 측 통역관들의 오만 불손하며 경망스러운 행태를 묘사하기도 하였는데, 그중 가장 개성 있게 형상화되어 있는 인물은 쌍림(雙林)이다. 『일신수필』 7월 17일자 내용에서 연암은 쌍림이 정사(正使)에 대한 결례 문제로 항의하는 박내원(朴來源)과 언쟁을 벌이는 장면과, 그가 연암과 사귀고 싶어 접근해 오는 과정, 그리고 연암의 하인 장복과 장난삼아 서로의 언어를 바꾸어 주고받는 우스꽝스러운 대화를 중심으로, 쌍림의 일면 교활하면서도 천진스러운 성격을 통해 중국 통관(通官)의 한 전형을 속속들이 그려 내고 있다.

그의 행동거지는 우리 사행의 소관 밖이다.(중략)…… 내가 책문에 든 지
10여 일이 되어도 쌍림의 꼴을 보지 못했다.(중략)

사행이 갈 때마다 사무를 맡은 역관이 공비로 은 4천 냥을 가져와서 5
백 냥은 호행장경에게 주고, 7백 냥은 호행통관에게 주어 찻삯과 여관비
에 쓰게 되어 있다. 그러나 실상은 한 푼도 쓰는 일이 없이 상사와 부사
의 주방에서 돌려가며 두 사람을 먹인다.

쌍림은 사람됨이 교활하고 조선말을 잘한다고 한다. 앞서 소황기보에서
점심을 먹을 때 여러 비장·역관들과 둘러앉아서 한담을 하노라니, 쌍림
이 밖에서 들어오자 여러 사람이 모두 반겨 맞았다. 쌍림이 부사의 비장
이성제와 간곡히 이야기하고 또 내원을 향하여 말을 걸었다. 그것은 이 두
사람이 두 번째 길이어서 구면이기 때문이다. 내원이 쌍림에게, "내, 영
감님께 섭섭한 일이 있소." 하니 쌍림이 웃으면서, "무슨 섭섭한 일입
니까?" 한다. 내원은 "상사또(上使道)께서는 비록 작은 나라의 사신이
라 할지라도 우리나라에서는 정일품 내대신(內大臣)이므로 황제께서도 각
별히 예우하시는데, 영감님은 대국 사람이지만 조선의 통관이고 보면 우리
사또에게 의당히 체면을 지켜야 할 것인데, 두 사또께서 말을 갈아타실 때
나 길가에 가마를 멈추실 때마다 영감님들은 마땅히 수레를 멈추고 기다
려야 할 일인데도, 그러지 않고 번번이 그냥 수레를 몰아 지나면서 조금도
거리낌이 없으니, 이 무슨 도리요. 이래서 장경도 영감님들을 본받으니 더
욱 한심한 일이오." 하니, 쌍림이 발끈 성을 내며,

"그것은 당신이 모르는 말이오. 대국의 체모가 당신네 나라와는 훨씬
다르오. 중국에서 칙사가 가면 당신네 나라 의정대신이 우리들을 평등하게
대접하여 말도 서로 공경해서 하는데, 이제 당신이 새로이 체모를 지어내
나더러 회피하란 말이오?" 한다. 그러자 역관 조학동이 내원에게 눈짓하
여 더 다투지 말라 하였으나, 내원은 한층 더 소리를 높여, "그러면 영감
님의 종놈은 어느 존전이라고 손에 매를 낀 채 의기가 양양하게 지나간단
말이오. 그건 해괴한 짓이 아닙니까. 이제 다시금 그런 걸 보면 내 곧 곤
장을 때릴 테니 영감님은 괴이하게 여기지 마시오." 하니 쌍림은, "그것은
아직 못 보았소. 만일 내가 보기만 하면 단매에 처치해 버리겠소." 한다.
그는 조선말을 잘한다지만 가장 서투르고 다급하면 다시 북경 말을 쓰곤
한다. 공연히 돈 7백 냥을 허비하니 실로 아깝기 그지없다(『馹迅隨筆』,
7월 17일, 나랏말씀 7 열하일기, 솔: 서울, 259-260쪽).

『열하일기』에서 연암은 청조의 지배층에 속하는 인물들에 못지
않게 하층 민중들에 대해서도 깊은 관심과 애정을 기울여 묘사하
고 있다. 조선 사행이 거쳐 간 숙소들의 주인과 그 가족, 심양의
예속재와 가상루의 상인들을 비롯한 연도의 각종 장사꾼들, 설서인
(說書人)과 요술사 등 직업적인 연희인들, 시골의 훈장, 점쟁이, 도
사, 승려, 창기, 하녀, 거지 떼 등등 여행 도중에 마주친 다양한 신
분의 중국 민중들을 각기 개성 있는 인물들로 그려 내고 있다. 이
밖에도 나귀 떼를 몰고 가던 시골 노파며, 한 곡 더 부르라는 손님
의 요청에 눈을 흘기며 "야채 사러 왔수? 더 달라게" 하고 쏘아붙
이던 진자점(榛子店)의 창기 유사사(柳絲絲) 등 하층 여성들에 대
해서도 기탄없이 생생하고 구체적인 묘사를 보여 주고 있다.

4. 지역지리적 인식

1) 집안(集安)현 국내성(國內城)

『渡江錄』에 집안(集安)현 국내성(國內城)에 대한 당시 묘사가
다음과 같다.

> (전략) 홀로 높은 언덕에 올라 사면을 바라보니, 산은 곱고 물은 맑으며,
> 정경이 툭 트이고 나무는 하늘에 닿을 듯한데, 그 속에 은은히 큰 마을이
> 자리 잡고 있어 개와 닭소리가 들리는 듯하며, 토지가 비옥하여 개간하기
> 에도 알맞을 것 같다. 패강(浿江) 서쪽과 압록강 동쪽은 이와 비교할 만한

곳이 없으니, 이곳이 큰 진이나 부(府)를 설치하기에 꼭 알맞겠건만, 너나 없이 모두 이를 버려 두어 아직까지 빈 땅으로 있다. 어떤 이는 이르기를, "고구려시대에 이곳에 도읍한 일이 있었다." 하는데 이것이 이른바 국내성(國內城)이다. 명나라 때에 진강부(鎭江府)가 되었었는데, 청나라가 요동을 함락시키자 진강 사람들이 머리 깎기를 싫어하여 어떤 사람은 모문룡(毛文龍)에게로 가고 어떤 사람은 우리나라로 귀화하였다. 그런데 그 후 우리나라로 온 사람은 청나라의 요구에 따라 모조리 돌려보냈고, 모문룡에게로 간 사람들은 대부분 유해(劉海)의 난리 때 죽었다. 이리하여 버려진 땅이 된 지 벌써 1백여 년이나 지나 쓸쓸하고 산 높고 물 맑은 것만 눈에 들어올 뿐이다(『渡江錄』, 6월 24일, 나랏말씀 7 열하일기, 솔: 서울, 25쪽).

연암이 살피기에도 집안현 국내성 지역이 진이나 부(府)가 들어서기에 충분한 곳으로 설명하고 있는데, 오늘날 집안현의 모습을 생각해 보면 당시 연암이 묘사하던 모습이 더욱 현장감 있게 실감된다.

2) 책문 안 시가지, 책문 밖 들녘 묘사

당시 청나라 각 고을 이르는 곳마다 연암은 주민들의 생활모습과 건축물들의 모습, 건축재료 등에 대한 관찰을 소홀히 하지 않고 있다. 다음은 봉황성의 변두리 책문[9] 안을 들여다보고 묘사한 대목이다.

(전략) 책문 밖에서 다시 책문 안을 바라보니, 수많은 민가들은 모두 들보 다섯 개가 높이 솟아 있고 띠 이엉을 덮었는데, 집 등성마루가 훤칠하고 문호가 가지런하며 네거리는 쭉 곧아서 양쪽 거리가 마치 먹줄을 친

---

9) 압록강으로부터 120리 되는 이곳을 우리나라 사람들은 책문이라 하고, 이곳 사람은 가자문(架子門)이라 하며, 중국 사람들은 변문(邊門)이라 부른다(나랏말씀 7 열하일기, 솔, 51쪽의 『渡江錄』 6월 28일 기사).

것 같다. 담장은 모두 벽돌로 쌓았고, 사람이 탄 수레와 화물 실은 수레들
이 길에 즐비하며, 진열해 놓은 그릇들은 모두 그림을 넣은 자기들이었다
(『渡江錄』, 6월 27일, 나랏말씀 7 열하일기, 솔: 서울, 38쪽).
　　(전략) 서남쪽은 탁 트여서 평원한 산과 담담한 물이 있었다. 우거진 버
들에 그늘은 짙은데, 띠 지붕과 듬성한 울타리가 숲 사이로 은은히 보이
며, 가없이 푸른 방축 위에는 소와 양이 여기저기서 풀을 뜯고 있다. 멀리
강에 걸린 다리에는 행인들이 혹은 짐을 지고 또는 무엇을 끌고 가는 것
을 바라보고 있노라니, 자못 길가는 피로를 잊을 것만 같다(『渡江錄』, 6
월 27일, 나랏말씀 7 열하일기, 솔: 서울, 49쪽).

민가들은 대들보가 높고 띠로 이은 이엉을 덮었으며, 등성마루가
휜칠하고 문호가 가지런하다는 표현으로 보아 우리의 민가들보다
규모가 큰 것을 알 수 있다. 마을의 거리는 바둑판처럼 반듯하게
길들을 내어놓았고 담장들은 구운 벽돌들로 쌓아 역시 질서정연함
을 알 수 있다. 거리에는 인력거와 화물 수레들이 즐비하게 차 있
고, 진열해 놓은 그릇들은 그림들이 아름답게 수놓아진 자기들로
차 있어 매우 화려한 시가지의 모습을 그리고 있다.

한편, 책문 밖 들녘에는 소와 양을 풀어 먹이고 있다. 우리나라 농
촌 들녘의 한가로운 모습과도 견줄 수 있는 대목이다. 책문 안(마을
안)과 바깥 들녘의 지리적 정경들이 눈에 선하게 잘 묘사되고 있다.

　　(전략) 천천히 걸어서 문밖으로 나섰다. 그 번화하고 사치스러움이 비록
연경인들 이보다 더할 수 있을까 싶다. 중국이 이처럼 번영된 나라인 줄은
참으로 뜻밖이었다. 길 좌우에 즐비하게 늘어선 노점들은 모두 아로새긴
들창에 비단 장막을 드리운 문, 그림을 그린 기둥, 붉게 칠한 난간, 푸르
게 단장한 주련(柱聯),10) 그리고 황금 빛깔의 현관 등이 눈부시게 찬란하
다. 그 안에 펼쳐 놓은 것은 모두 그 나라의 진기한 물건들이다. 변문의
보잘것없는 이 땅에 이처럼 정치하고 아담한 취향이 있었다니……(『渡江

錄』, 6월 28일, 나랏말씀 7 열하일기, 솔: 서울, 56쪽).

변문(책문)의 시가지를 돌아보며 연경(＝북경)보다 상대적으로 시골인 마을의 번영된 모습을 잘 그리고 있다. 아름답게 장식한 노점들의 실내외 장식은 당시 우리나라의 그것과 커다란 차이를 보이고 있음에 연암은 놀라고 있었던 것 같다.

3) 요동 시가지

요양으로 가면서 요동의 시가지에 접어들게 된다. 시가지의 연속됨이 갈수록 더욱 커지는 대처임을 잘 그려 내고 있다.

> 9일. 갰다가 몹시 더웠다.
> 새벽 서늘함을 타서 먼저 길을 떠났다. 장가대(張家臺)와 삼도파(三道巴)를 거쳐 난니보(欄尼堡)에서 점심을 먹었다. 요동 땅에 들어서면서부터 <u>마을이 끊이지 않고 길의 너비가 수백 보나 되며, 길 양편에는 수양버들을 죽 심었다. 집이 즐비하게 늘어선 곳에는, 마주선 문과 문 사이에 장마 때 고인 물로 가끔 큰 못이 저절로 이루어졌다. 집집마다 기르는 거위와 오리가 수없이 그 위에 떠서 놀고, 양편 촌집들은 모두 물가의 누대처럼 붉은 난간과 푸른 헌함이 좌우에 영롱하여 은연중에 강호(江湖)를 방불케 했다</u>(『渡江錄』, 7월 9일, 나랏말씀 7 열하일기, 솔: 서울, 119쪽).

요동 땅의 대로변에는 집들이 연이어 있고, 마을은 연속적이며 가축으로 집집마다 거위와 오리를 키우고 있다. 촌락의 가옥들이지만 붉은 난간과 푸르게 칠한 기둥으로 번듯한 모습들이 중원의 강호를 연상케 할 만큼 시가지화되어 있는 모습을 잘 묘사하였다.

(전략) 요양에 들어오면서부터 <u>뽕나무와 삼밭이 우거지고 개와 닭의 소</u>
<u>리가 끊이지 않는다.</u> 이토록 1백 년 동안이나 무사하긴 하나 청나라 황실
로서는 오히려 한낱 짜증이 남아 있지 않을 수 없을 것이다. <u>몽골의 수레</u>
<u>수천 채가 벽돌을 싣고 심양에 들어오는데,</u> 수레마다 소 세 마리가 끈다.
그 소는 흰 빛깔이 많으나 간혹 푸른 것도 있으며, 찌는 듯한 더위에 무
거운 짐을 끌고 오느라 코에서 피를 뿜는다(『盛京雜識』, 7월 10일, 나랏
말씀 7 열하일기, 솔: 서울, 122–123쪽).

『열하일기』 盛京雜識편에 나오는 심양 땅에 접어들면서의 이야
기이다. 마을 들판에 뽕나무와 삼밭이 많고 집집마다 개와 닭을 흔
히 키우고 있다. 뽕나무와 삼나무를 가꾸고 닭, 오리, 개 등을 가축
으로 키우는 것은 우리와 닮은 데가 있다. 몽골 사람들이 소가 끄
는 수레를 이용하여 벽돌을 심양으로 실어 날라 대처의 수요에 충
족시키고 있다. 이로 미루어 보건대 당시 청나라 주민 생활에 벽돌
의 쓰임은 대단히 광범위하고 많이 사용되었음을 알 수 있다. 특히
심양은 청조에 있어서는 수위의 도시로서, 대소비지로서 물품과 건
축자재의 소비량은 대단했음을 알 수 있다.

요양에서부터 <u>길가에 버드나무를 수없이 많이 심어서 그 우거진 그루터</u>
<u>기에 더위를 잊을 만 했다.</u> ……(중략)…… 멀리 버드나무 그늘 밑을 바
라보니 수레와 말들이 구름같이 모여 있다. 말을 재촉하여 그곳에 이르러
잠깐 쉬기로 했다. 장사꾼 수백 명이 짐을 내려놓고 땀을 식히고 있었다.
어떤 이는 버드나무 <u>그루터기에 걸터앉아 옷을 벗어 놓고 부채질을 하며,</u>
<u>어떤 이는 차와 술을 마시며, 어떤 이는 머리를 감기도 하고 깎기도 하며,</u>
<u>골패도 치고 팔씨름도 한다.</u> 짐 속에는 모두 그림을 그린 자기가 있고, 또
껍질을 벗긴 수숫대로 조그맣게 누각 모양을 만들어서 그 속에다 각기 우
는 벌레나 매미 한 마리씩을 넣은 것이 10여 점이나 되며, 어떤 것은 항
아리에다 빨간 벌레와 파란 마름을 넣었는데, 빨간 벌레는 물위에 둥둥 뜬
것이 마치 새우 알처럼 작다. 이는 고기밥으로 쓰인다.

수레 30여 채에는 모두 석탄을 가득 실었다. 술도 팔고 차도 팔며, 떡
과 과일 등 여러 음식물을 파는 사람들이 모두 버드나무 그늘 밑에 걸상
을 죽 늘어놓고 앉아 있었다. 태평차(太平車) 한 채에 두 여인이 탔는데,
나귀 한 마리가 끌고 간다. 나귀가 물통을 보자 수레를 끈 채 통으로 달
려든다. 그 여인들 중 한 사람은 늙은이고 또 한 사람은 젊은이였는데, 앞
을 가렸던 발을 걷고 바람을 쏘이고 있다. 두 여인 다 꾀꼬리 무늬가 놓
인 파란 윗옷에 주황 빛깔의 치마를 입고, 옥잠화, 패랭이꽃, 석류화로 머
리를 야단스럽게 꾸몄다. 아마 한족(漢族) 여자인 듯하다(『盛京雜識』 7월
10일, 나랏말씀 7 열하일기, 솔: 서울, 127 – 128쪽).

마을 한 길가의 버드나무 가로수가 보이는 듯하다. 버드나무 그
늘을 의지하여 더위를 피하기 위한 사람들이 모여들고 각종 장사
치와 사람들의 활동상이 파노라마처럼 펼쳐진다. 여러 군데의 인용
기록에서 보듯, 청나라 여인들은 노소를 가리지 않고 머리를 생화
로 장식하는 것은 우리와 크게 다른 풍습임을 알 수 있다.

4) 산해관의 시가지

연암은 여러 곳, 즉 국내성, 책문, 요동 시가지 등을 두루 거쳐
오며 청조의 발전된 번화한 시가지 모습들에 놀라움을 금치 못했
었다. 그러나 산해관에 이르러 장성의 장대함을 보고, 그리고 더욱
발전된 경관을 대하면서 더욱 놀란다. 그리고 장성을 보고는, 그가
지금까지 보아 군사용 방어시설물이나 솜씨가 모두 산해관에서 본
뜬 것들임을 알았다.

십자가에 성을 둘렀는데, 사면에 둥근 문을 내고 그 위에는 3첨의 높은

다락을 세웠으며, '상애부상(祥靄榑桑)'이라는 현판을 붙였는데, 이는 옹정제의 글씨다. 원수부(元帥府)의 문 밖에 돌사자 둘을 앉혔는데, 높이가 각기 두어 길이나 된다. 여염과 시가의 번화함이 성경보다 낫고 수레와 말이 가장 많은데, 청춘 남녀들이 더욱 화려한 화장을 하였으니, 그 번화롭고 풍부함이 지금껏 보아 온 가운데 제일이라 하겠다. 대개 이곳은 천하의 큰 관인데, 이는 아마도 서쪽으로 북경이 얼마 되지 않기 때문인 듯하다.

봉성에서부터 1천여 리 사이에 걸쳐 보니 둔이니 소니 역이니 하여 나날이 성 몇 군데씩은 보아 왔지만, 이제 장성을 보고 나니 그들의 시설이나 솜씨가 모두 이 관에서 본뜬 것이다. 그러나 그들은 이 관에 비하면 어린 손자뻘밖에 되지 않는다(『馹迅隨筆』, 7월 23일, 山海關記, 나랏말씀 7 열하일기, 솔: 서울, 295 – 296쪽).

연행 길에 여러 곳을 거쳐 오고 그곳의 풍물들과 비교해 볼 때, 연경에 가까운 산해관 시가지의 번화함이 가장 앞선다는 느낌을 적고 있다.

5. 종합 및 결론

본 연구는 18세기 후반 당시 우리나라의 저명한 실학자인 박지원의 눈을 통해 중국(청나라)에 대한 자연지리적 인식, 문화지리적 인식, 지역지리적 인식의 측면에서 그의 지리관을 살피고자 한 것이다. 구체적으로 산세, 기후, 날씨 등의 자연환경과 지명, 청조의 다양한 사람들의 인물됨과 복장, 그리고 경유지역들의 지리적 자연경관 및 시가지 묘사, 관련 내용 및 여러 지역들에 대한 연암 박지원의 소감 등을 바탕으로 하여 당시의 청나라에 대한 지리관을 살폈다.

본 연구에서 소개된 『열하일기』 내용 속의 세 편은 전체 내용의 약 절반에 해당하는 것으로 박지원의 관심이 어디에 있는지 한눈에 알 수 있게 해 주는 글들이다. 『渡河錄』, 『盛京雜識』, 『馹迅隨筆』의 세 편에서 연암은 청나라의 여러 가지 환경과 문물에 대한 이용후생적인 설명, 그리고 관찰에 의한 평이 독자의 흥미를 끈다. 그가 전공 측면에서 전문가는 아니지만 지리적인 관점에서도 정치하고 정확한 안목을 지녔다. 즉 청나라의 자연에 대해서 관조하며 치밀하게 살폈으며, 당시 조선과 청나라의 산수를 비교하여 그 특징을 잘 드러내었다. 청나라의 봉황성을 지나면서 살핀 자연경관과 한양(서울)의 아름다운 산세와 지기(地氣)가 다른 것임을 자연에서 뿜어 나오는 기(氣)의 유무를 기준으로 설명한 것은 그의 풍수적 식견과 관점을 보여 준다. 여정 곳곳에서의 청나라의 경관과 날씨에 대해서 지리학자 이상으로 섬세하고 치밀하게 묘사한 부분은 대단히 현장감이 있어, 그곳의 일기를 피부로 느낄 만큼 절묘하다. 청나라의 광활한 대지와 찌는 듯한 여름철 아침의 짙은 안개와 한낮의 폭염 등을 그림 그리듯 표현하였다. 발해(渤海), 요하(遼河), 혼하(渾河), 태자하(太子河), 심양(瀋陽), 안시성 등에 대한 연원과 유래를 밝힌 지명 설명은 매우 탐구적이며 지리적 호기심을 자극하고, 만족시키기에 충분하다.

한편, 청조(淸朝)의 여러 인물 및 복장에 대한 소개는 당대의 청조 문물과 제도에 대한 지리적 인식을 분명하게 해 준다. 청조를 구성하는 만주족, 한족(漢族), 몽골인 등 각계각층의 인물들에 대한 외모와 의상, 성격, 사람 됨됨이 등에 대한 비교와 평가는 문화지리적 호기심을 자극하기에 충분하다.

연행의 여정에서 거쳐 가는 각 지역들에 대한 지역지리적 인식과 묘사는 매우 사실적이고 정치하여 당시 청조의 마을이나 도시들에 대한 경관이 머리에 그려질 듯하다. 국내성에 대한 그의 서술을 통해 그곳 입지 조건을 자연스럽고 객관적으로 이해할 수 있으며, 책문의 안과 밖에 대한 묘사, 요동 시가지와 산해관에 대한 놀라운 눈으로 바라본 관찰력 등은 매우 사실적이다. 연암 박지원이 바라보고, 설명한 당시 청나라의 자연경관과 지명, 다양한 인물들의 성정 묘사와 복장의 비교 설명, 그리고 연행과정의 경유지역들에 대한 기후와 날씨, 시가지 묘사 등은 훌륭한 풍물지리학자의 눈에 버금간다. 수세기 전의 청나라 모습이 눈에 잡히는 것 같다.

요컨대, 『열하일기』를 통해 본 당시 청나라의 모습은 조선사회보다 훨씬 깨어 있는 선진지역이었다. 조선사회가 갇혀 있는 폐쇄적 사회였던 것에 비해 청조는 열린 사회로서, 비교대상이 아닌 훌륭한 큰 나라이며 큰 지역인 대처였다. 본 연구주제만을 놓고 보면, 단지 연암이 청조의 그것보다 우위에 놓고 찬미하는 대상은 조선의 강산이었다. 대부분의 현상과 사물에 대해 조선사회는 배우는 자세로 부지런히 받아들여 실사구시적인 측면에서 이용후생할 것을 강조하였다.

謝辭

<그림 2>를 도와준 대원여고의 최병문 선생님께 이 자리를 빌려 감사의 인사를 드린다.

참고문헌

姜東火華, 1982, 熱河日記의 文學的研究, 건국대학교 대학원 박사학위논문.

고미숙, 2003, 열하일기: 웃음과 역설의 유쾌한 시공간, 도서출판 그린비.

琴章泰, 1987, 韓國實學思想研究, 집문당: 서울.

金都煥, 2000, 北伐論과 洪大容의 華夷論, 韓國思想史學.

金明昊, 1989, 熱河日記 研究, 서울대학교 대학원 박사학위논문.

金文鎔, 1995, 洪大容의 實學思想에 관한 研究, 고려대학교 대학원 철학과 박사학위논문, 미간행.

金仁圭, 1996, 朝鮮後期 華夷論의 變容과 그 意義: 儒敎思想과 東西交涉, 道和柳茂相先生華甲紀念論文集刊行委員會 編.

김명호, 1990, 열하일기 연구, 창작과비평사.

김아리, 2000, 老稼齋燕行日記의 글쓰기 방식, 韓國漢文學研究 25, 韓國漢文學會.

김영호, 2002, 조선의 협객 백동수, 푸른역사.

김인규, 2000, 북학사상의 철학적 기반과 근대적 성격, 도서출판 다운샘.

金泰永, 1998, 한국의 탐구: 실학의 국가개혁론, 서울대학교 출판부.

김태준 해설, 2001, 열하일기 한글본 출현의 뜻, 민족문학사연구.

로버트 템플, 1993, 그림으로 보는 중국의 과학과 기술(과학세대 譯), 1993, 도서출판 까치: 서울.

민족문화추진회, 1968, 熱河日記 1, 2.

朴箕錫, 1997, 熱河日記를 통해 본 燕巖의 對淸意識과 '虎叱'의 주제, 국어교육.

朴性淳, 1998, 朝鮮後期의 對淸認識과 '北學論'의 意味, 史學志 31.

박성래, 1982, 韓國科學史(KBS TV 공개대학시리즈 ⑤), (株)韓國放送事業團: 서울.

박성래, 1994, 한국인의 과학정신, 평민사: 서울.

박제가, 2000, 궁핍한 날의 벗, 안대희 역, 태학사.

박종채, 1998, 나의 아버지 박지원, 박희병 옮김, 돌베개: 서울.

박충석·유근호, 1980, 조선조의 정치사상, 평화출판사.

유봉학, 1982, 北學思想의 形成과 그 性格: 湛軒 洪大容과 燕巖 朴趾源을 中心으로, 韓國史論 8.

劉奉學, 1995, 燕巖一派 北學思想研究, 一志社: 서울.

이덕무, 2000, 한서이불과 논어병풍, 정민 편역, 열림원: 서울.

조셉 니담, 1985, 中國의 科學과 文明, 李錫浩·李鐵柱·林禎垈·崔林淳 譯, 을유문화사: 서울.

임형택, 2000, 실사구시의 한국학, 창작과 비평사: 서울.

全炳機 編著, 1982, 韓國科學史, 二友出版社: 서울.

全相運·朴星來·金容雲·李春寧·洪文和·宋相庸·尹龍二·南天祐·張起仁, 1984, 이야기 韓國科學史, 서울신문사: 서울.

전상운, 2000, 한국과학사, (주)사이언스북스: 서울.

전영권, 2002, 택리지의 현대지형학적 해석과 실용화 방안, 한국지역지리학회지, 8(2), 256 – 269쪽.

趙誠乙, 1997, 朝鮮後期 華夷論의 變化, 한국사연구회 편.

朱七星, 1996, 실학파의 철학사상, 예문서원: 서울.

愼鏞廈, 1997, 洪大容의 社會身分觀과 社會身分制度改革思想, 朝鮮後期 實學派의 社會思想研究, 지식산업사.

車溶柱, 1984, 燕巖研究, 啓明大學校出版部: 대구.

최영진·손병욱·금장태·김용헌·이종란·신원봉·김병규·이원순·신해순, 2000, 조선말 실학자 최한기의 철학과 사상, 철학과 현실사: 서울.

한국철학사연구회, 2000, 한국실학사상사, 도서출판 다운샘: 서울.

洪以燮, 1946, 朝鮮科學史, 正音社: 서울.

제4장

정약용의 『목민심서(牧民心書)』

1. 서론

1) 다산의 『목민심서』와 연구필요성

다산 정약용은 1762년(영조 38년, 임오) 음력 6월 16일 서울에서 일정 거리 이상 떨어진 한강 강변의 마재(馬峴)에서 출생했다. 젊은 시절(1794년) 다산은 경기도 암행어사로 연천(連川) 방면을 순찰하며 극도로 피폐된 농민들의 처절한 궁핍상과 지방 행정의 부패, 난맥상을 직접 보고 확인하였다. 황해도 곡산 부사로 있는 동안 다산은 관료로서 가장 하기 어려운 수령의 직을 맡아서 수행하였다. 상납하는 포목의 자(scale)를 시정하였고, 관용금을 풀어 상납포를 무역하여 상납 때의 포목값의 급등을 막음으로써 백성들의 어려움을 덜었으며, 민가마다 송아지 한 마리씩 갖게 하고, 창곡 이용에 만전을 기하기 위해 일일이 순방하면서 환곡을 틀림없이 나누어 주도록 하였으며, 분배 과정의 비용을 절감하게 하는 한편, 그 과정에서 협잡이 없게 했다.

조선시대 후기 실학파의 대표자인 다산 정약용은 학문적인 업적과 정치, 경제사상에 있어서 절대적인 위치를 차지한다고 할 수 있다. 실학은 당시 조선시대 학계에 전개된 진보적인 새로운 학풍으로서, 조선시대 봉건사회의 붕괴과정의 와중에서 청대(淸代)학풍의 수용과 유적(流謫)의 생활로 점철된 불우한 생애를 살다 갔으나 세인으로 하여금, 다산의 연구는 곧 조선사의 연구이고 조선근세사상사의 연구이며, 전(全) 조선의 성쇠존망에 대한 연구로 평가되고 있다(鄭寅普).

그의 필생의 역작이라 할 수 있는 주저들로는 『목민심서』, 『경세유표』, 『흠흠신서』 등을 꼽을 수 있을 것이며, 이들 저작은 사회경제사상의 총괄 편으로 그의 탁견 아닌 것이 없을 정도의 명저들이다. 특히 『목민심서』는 당시의 국가경제적인 면에서 국가재정의 확립과 농민경제의 안정책을 강구하는 데 있어서 제도의 현실적인 비판, 이에서 추출되는 개혁안과 방편을 현실에 맞게 제기하고 있는 훌륭한 저서이다. 궁핍한 농민들의 생활을 경제적으로 구조하기 위한 자신의 뜻을 목민의 서(書)에 붙여 그의 혁신적 사상과 구체적 방법론을 제시하며 신법 실시의 이념을 전하고 있다. 국가 재정의 기본이 민생을 위한 농사정책에 있음을 강조하면서 목민에는 스스로 세심진성(洗心盡誠)하여야 한다고 주장하였다.

다산은 1801년 강진으로 유배되어 1818년 방면될 때까지 18년 동안 귀향살이를 하면서 훌륭한 저서들을 많이 남겼다. 다산의 저작은 500여 권으로 방대하며, 이 가운데에는 유교 경전이나 정치, 경제에 관한 것뿐만 아니라 지리학에 관련된 저작도 많은 편이다. 이러한 저작 가운데, 특히 지리 관련 내용들을 통해서 당시의 사회적 변화나 실학에 지리적 지식 내지 사고가 어떻게 투영되어 영향을 미쳤는지 알 수 있을 것이다.[1]

다산의 많은 저작물 가운데 『목민심서』는 조선 순조 18년(서기

---

[1] 다산의 『여유당전서』는 총 7집 145권 76책에 이르고 있다. 이 가운데 지리 관련 내용은 1집과 6집에 집중 게재되어 있다. 그러나 본 연구에서는 그의 훌륭한 저작 가운데 하나인 『목민심서』 중 경제지리 내용과 밀접한 관련이 있는 호전(戶典)편과 공전(工典)편을 집중적으로 다루었다. 『목민심서』는 이을호 역(1975), 현암사에서 나온 국역본을 분석 대본으로 하였다. 본 국역본은 원본과 국역본이 함께 게재되어 있어 원본대조에 유리한 장점을 가지고 있다.

1818년) 전남 강진의 유배지에서 집필한 저서이다. 어린 소년시절
부터 아버지의 목관(牧官)생활을 따라 여러 고을을 전전하면서 백
성을 다스리는 법과 수령으로서의 몸가짐을 보고 배웠으며, 벼슬길
에 오른 뒤로부터는 경기암행어사, 금정찰방(金井察訪), 곡산(谷山)
도호부사(都護府使) 등의 직책을 역임하면서 민정을 살피게 되고,
지방행정제도의 모순과 수령들의 무능과 아전들의 횡포를 체험하
고 목도하게 됨으로써 크게 느낀 바 있어 백성을 다스리는 데 유익
한『목민심서』를 만드는 데 뜻을 두게 되었다.

　오늘날 다산학을 연구하는 타 분야 학자들이 많은 데 비해, 상대
적으로 지리학 쪽에서는 그에 대해 깊은 연구가 없는 것이 현실이
다(한국문화역사지리학회, 1991). 우리나라 지리학의 역사가 수십
년에 이른 이즈음에 고전들을 활발히 분석하고 거기서 무엇인가를
찾아내어 정리하는 작업이 이루어져야 하며, 국학으로서의 지리학
위상을 다져 나가야 할 것이다. 본 연구는 이러한 필요성에 바탕을
두고 있다.

2) 연구의 내용

　『목민심서』의 내용은 12개의 장(章)으로 구성되어 있다.『목민심
서』는 목민관의 첫 출발, 마음의 자세, 일상적 집무, 주민들을 다스
리는 손길, 엄정한 관기(官紀) 숙정(肅整)의 자세, 주민들에 대한
일상생활 예절 교육, 지역방위 체제, 법제와 사회정의 구현, 구호정
책, 목민관으로서 물러날 때의 뒤처리 등 모범적 행정관으로서의

목민관이 가야 할 길이 무엇인가를 밝혀 주는 지침의 내용들을 담고 있다.

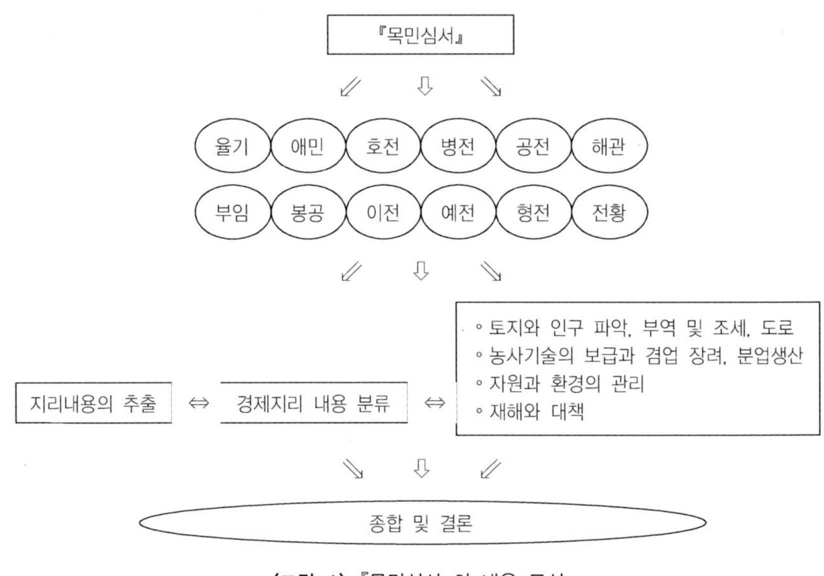

<그림 1> 『목민심서』의 내용 구성

『목민심서』에서 현대 지리학의 성격 분류상 경제지리 관련 내용을 포함하고 있는 곳은 호전(戶典)편과 공전(工典)편이 다른 편들에 비해 비교적 많이 포함하고 있다. 그 밖에도 여러 편에 걸쳐서 지리 관련 내용들을 조금씩 담고 있다.

연구의 내용으로는 첫째, 실학자 정다산의 지리적 관심은 어느 정도인가. 둘째, 그리고 어디에 초점을 두고 있는가, 셋째, 다산의 지리적 지식과 관심은 당대의 시대상황에 어떻게 투영되고 있는가, 넷째, 다산의 지리지식과 지리관은 오늘날의 그것에 비추어 차이를 발견할 수 있는가, 다섯째, 다산의 지리적 사고 내지 철학에 대한 종합적 조명을 통해 그의 지리관을 어떻게 결론내릴 수 있을 것인 가 등의 내용에 두었다.

3) 연구방법

연구방법은 다음과 같다. 첫째, 본 연구는 기본적으로 문헌연구이다. 둘째, 다산의 역작들 가운데 『목민심서』를 연구대상으로 하였다. 셋째, 『목민심서』 번역본을 대본으로 하였다.[2] 넷째, 『목민심서』 대본내용을 통해 지리 관련의 내용을 추출했다. 다섯째, 현대지리학적 개념과 기준에 입각하여 경제지리 관련 내용으로 분류하고 설명하였다. 여섯째, 부분 내용별로 한문원본과의 대조작업을 통해 내용을 확인하였다. 일곱째, 인용문 가운데 핵심 내용에 대해서는 눈에 잘 띄도록 밑줄로 처리하였다. 여덟째, 『목민심서』의 경제지리 내용을 종합하여 『목민심서』의 지리관에 대한 결론을 내렸다.

2. 토지와 인구파악, 부역 및 조세, 도로

다산은 『목민심서』를 통해 농업정책이 매우 중요함을 역설하고, 세세한 방법론까지 제시하였다.

---

2) 牧民心書(다산 정약용 저), 이을호 역(1980), 현암사 간행본을 대본으로 하였다.

〈표 1〉『목민심서』의 내용 구성

목차		주요 내용
① 赴任六條	목민의 첫 출발:	除拜, 治裝, 辭朝, 啓行, 上官, 莅事
② 律己六條	먼저 마음의 자세를 다스림:	飭躬, 淸心, 齊家, 屛客, 節用, 樂施
③ 奉公六條	일상적인 집무:	宣化, 守法, 禮制, 文報, 貢納, 徭役
④ 愛民六條	사랑의 손길:	養老, 慈幼, 振窮, 哀, 寬疾, 救災
⑤ 吏典六條	官紀 肅正의 길:	束吏, 馭衆, 用人, 擧賢, 察物, 考功
⑥ 戶典六條	농촌 진흥의 바탕:	田政, 稅法, 穀簿, 戶籍, 平賦, 勸農
⑦ 禮典六條	교육의 진로:	祭祀, 賓客, 敎民, 興學, 辨等, 課藝
⑧ 兵典六條	지역방위 체제의 강화:	簽丁, 練卒, 修兵, 勸武, 應變, 禦寇
⑨ 刑典六條	법제와 사회정의의 구현:	聽訟, 斷獄, 愼刑, 恤囚, 禁暴, 除害
⑩ 工典六條	國富民利의 이정표:	山林, 川澤, 繕廨, 修城, 道路, 匠作
⑪ 賑荒六條	구호정책의 수립:	備資, 勸分, 規模, 設施, 補力, 竣事
⑫ 解官六條	목민에 대한 영광의 결실:	遞代, 歸裝, 願留, 乞宥, 隱卒, 遺愛

자료: 牧民心書(茶山 丁若鏞 著), 李乙浩 譯(1980), 玄岩社 간행 내용을 바탕으로 필자 재구성

특히 권농의 정열을 바탕으로 농촌 지역사회의 경제를 살리는 내용을 담은 곳이 호전(戶典) 편이다. 호전(戶典) 편에서는 토지의 소출을 기준으로 하는 전제(田制)를 비판하고, 전제의 개혁으로 세제를 확립하여 부세를 공정하게 하여야 한다고 주장하였다. 세세한 농사방법을 구체적으로 제시하면서 지방수령이나 현령들이 이를 공부하여 백성들을 깨우치고 솔선수범을 보여 실천에 옮길 때, 나라 재정을 튼튼하게 할 수 있을 뿐만 아니라 백성들이 잘살 수 있게 될 것임을 강조하고 있다.

1) 엄격한 토지정책의 실시

결세(結稅)는 고려 이후 조선왕조에서 시행하던 세제였다. 토지

를 측량하고 결(結)을 기준으로 하여 여러 가지 세를 부과하였다. 이를 결부법(結負法)이라 하였는데, 수확량을 표준으로 하여 토지 의 면적을 측정하고, 이를 기준으로 결을 산출하는 방식이었다. 조 선 후기에 이르러서도 토지 정책의 엄격한 실시가 매우 어려웠음 을 『목민심서』의 내용에서 확인할 수 있다.

<표 2> 『목민심서』 호전(戶典)의 내용 구성

장(章) 제목	내용의 방향
호전(戶典): 농촌 진흥의 바탕에 대하여 논함	① 전정(田政): 기본적인 실태파악으로서 농경지의 상태를 살핌
	② 세법(稅法): 세정의 함정이 없는지, 공정한 징세를 파악함
	③ 곡부(穀富): 탐관오리의 온상이 어디에 있는지를 살핌
	④ 호적(戶籍): 인구의 유동과 통제의 의미를 기본적인 국가 노동력 차원에서 살핌
	⑤ 평부(平賦): 時弊의 규명과 근절책으로서 애경사에 관한 예의범절을 논함
	⑥ 권농(勸農): 농민들에 대한 다양한 계몽과 기술지도를 통해 활기를 불어넣음

자료: 茶山 丁若鏞 著, 李乙浩 譯, 1980, 玄岩社 간행 내용을 바탕으로 필자 재구성

　　목자의 맡은 책무 가운데 엄격한 토지 정책의 실시가 가장 어렵다. 우 리나라 농지법은 본래 제대로 되어 있지 않기 때문이다. 토지 측량은 토지 정책의 중요 부분이다. 묵은 밭을 조사하고 숨겨진 농토를 찾아냄으로써 안정을 기하도록 하되 그것만으로 되지 않거든 토지 측량을 실시하도록 하라. 그리 피해가 없는 것은 예전대로 두지만 피해가 대단한 것은 원본을 고쳐야 한다. 토지 측량의 조례는 정부에서 반포하여야 하거니와 그중의 중요한 대목은 국민들에게 자세히 밝혀 주도록 하라. 토지 측량법은 아래 로는 백성들에게 피해를 끼치지 않아야 하고 위로는 국가에 손해를 끼치 지 않아야 한다. (중략) 묵은 밭이 아주 묵어 버린 것은 등급을 낮추어 주 어야 한다. 묵은 밭의 세액 조정 때문에 장부의 변경이 생겼을 때 흔히 백성들의 송사가 많아지기 쉽다. 변경된 것은 모조리 증명서를 떼어 주도 록 하라. (중략) 묵을 밭을 조사하는 사무는 토지 정책의 중요 항목이다. 세금 때문에 원망이 많거든 묵은 밭을 조사해야 한다. 묵은 밭을 개간하는 데 농민의 힘만을 믿어서는 안 된다. 목자는 지성껏 경작을 권고하고 또

<u>이어서 보조해 주어 돕도록 해야 한다</u>(이을호, 1975).

농지제도가 문란하면 세법도 따라서 문란해질 것이다. 등급에서 손실을 보고 현물에서 손실을 본다면 국가 수입은 거의 탈이 나고 만다. (중략) <u>큰 가뭄으로 이앙도 채 못한 해에 현지답사를 보낼 때는 사람을 잘 골라야 한다. 상급 관청에 보고할 때는 실수대로 보고하고 만일 반려되더라도 다시 그대로 보고하라. 조세감면은 어려운 것이다. (중략) 간흉한 이속들이 몰래 납세액을 따다가 공제 부분에 넣어 두는 일이 있으니 엄밀히 밝혀내도록 하라. 경작면적 장부에 거짓 기록이 있으면 이리저리 뒤져서 검사해 내도록 하라.</u> 경작 면적 장부가 끝나면 세액의 비율을 작성하라. 세액의 비율은 엄밀, 정확을 기하도록 해야 한다. (중략) 곡식 수납기가 다소 어겨지더라도 함부로 재촉하지 말라. 못된 관리들은 이를 핑계 삼아 범이 양떼를 다루듯 함부로 날뛸 것이니, 할 짓이 아닌 것이다. 양곡 수송에 따르는 법조문은 엄중히 지키도록 각별히 유의해야 한다. 특별 세액이 너무 과중한 사람은 잘 살펴서 이를 너그럽게 해 주도록 해야 한다. <u>화전민에게는 실정에 따라 세액을 배정하고 천재지변의 경우는 감면되어야 한다</u>(이을호, 1975).

토지 정책의 가장 중요한 문제는 농토의 정확한 파악이라고 할 수 있다. 토지의 측량에 의하여 정확한 면적이 산출되어야 함은 물론이고 토질의 등급에 의해 구분되어야 한다. 그런데 이러한 판단을 목민관이 행하여야 했으니, 그 책임의 막중함과 엄정함은 대단히 강조될 수밖에 없었을 것이다.

2) 농업 경제 노동력으로서의 인구파악

오늘날 농촌에서 도시로의 인구 이동은 호적 사무에 많은 혼란을 가져왔었다. 원적지, 본적지, 호적 그리고 현주소의 등록이 동일하지 않기 때문에 생기는 이중적인 기록은 미등록 상태의 부동 인구 증가를 초래할 수 있는 폐단이 있어 왔다. 뿐만 아니라, 대도시 지역에서의 아파트 분양과 좋은 학구로의 위장전입을 위한 주민등록상의 주소지 변경 등 여러 가지 편법이 행해지고 있음에도 이를 합법적으로 막지 못하고 있는 것이 현안이기도 하다. 예나 지금이나 인구동태와 그의 정확한 판단은 대단히 중시되었음을 알 수 있다.

> 호적이 바르게 된 후라야 부과가 고르게 될 것이다. (중략) 호적을 정리하려거든 먼저 주민등록 대장을 살피도록 하고 허실을 알았거든 고쳐 놓도록 하라. (중략) 호구조사를 할 기한이 당도하면 이 주민등록 대장에 의하여 고쳐 놓도록 하고, 여러 동리의 호구 실태에 거짓이 없도록 하라. (중략) 만일 이농호수가 늘어남으로써 채울 길이 없을 때는 상사에게 보고하고 큰 흉년이 들어 열에 아홉이 비게 됨으로써 채울 길이 없을 때에도 상사에게 보고하여 그만큼 총호수를 줄이도록 하라. 호별세나 지방세 같은 것은 전대로 따르도록 하여 주민들이 하자는 대로 하되 그 밖의 징수는 엄금하여야 한다. 나이를 늘린 자, 나이를 줄인 자, 벼슬하지 않고 유생인 체하는 자, 벼슬 산 일 없이 감투를 쓰고 있는 자, 거짓 홀아비인 양하는 자, 속임수로 과거 본 체하는 자들은 모조리 조사하여 밝혀내도록 하라. 호적 사항 중에서 형 사건에 해당하는 것은 민간에 알리지 말도록 하라. 호적정리는 국가의 중요 정책이다. 지극히 엄밀하게 다루어야 한다. 그래야 모든 부과가 바르게 될 것이니, 여기서 논하는 것은 민속을 순후하게 만들기 위해서이다. 다섯 집을 묶어 한 패를 만들되, 이는 옛 법에 기초를 두고, 게다가 거듭 새로운 약속을 하게 한다면 간흉한 죄인이 끼어들지 못할 것이다[3](이을호, 1975).

과거에 인구 또는 호구의 동태를 엄밀히 파악하고, 통제하려 했

---

3) 본 내용의 원문은 다음과 같다. 戶籍者諸賦之源衆搖之本戶籍均而後賦役均 戶籍貿亂網有網紀非大力量無以均平 將整戶籍先察家坐周知虛實乃作增減家坐之簿不可忽也. 戶籍期至乃據此簿增減推移使諸里戶籍大均至之實無有虛僞 (중략) 若烟戶稅…… 凡戶籍事目之自巡營例關者不可布告民間戶籍者國之大政至嚴至精乃正民賦今玆所論以順俗也. 五家作統十家作牌因其舊法申以新約則奸寇無所容矣.

던 것은 그들이 농경지의 경작 주체이기 때문이다. 이들은 마을 단위로 본 농촌사회 기본 조직원인 동시에 노동력이며, 나아가 국가의 생산력과도 직결되는 노동력으로 중시되었을 것이다. 동시에 이들은 국세의 부과 대상이기도 하였고, 군역(軍役)의 의무까지도 져야 할 기초 대상이기도 하였다. 오늘날에는 대개 본적만은 누구나 법적으로 신고되어 있지만, 본적지를 이탈한 후 현주소에서 신고를 등한히 했을 경우에는 주거 부정확으로 처리되어 부동 인구가 되기도 한다. 우리 사회의 이처럼 불안정한 인구동태를 분명히 파악할 수 있는 현실적 조직은 통반제도(統班制度)라고 할 수 있다.[4]

호적조사와 인구동태 파악은 오늘날에 계승, 더욱 발전되어 정치적, 군사적, 관계적(=사상적) 파악의 의미까지도 지니게 되었다. 즉 오늘날의 인구파악에 있어서 호적은 당연히 기초조사의 바탕이 되고, 필요한 경우에는 학력, 종교, 정당, 사회단체, 직업, 교우관계까지도 파악하고자 할 때가 있다. 오늘날 각종 신분증에는 경우에 따라 필요한 기초 내용이 들어가 있다. 가장 대표적인 예는 모든 국민들이 지닌 신분증인 '주민등록증'이라 할 수 있다.

3) 부역과 조세

국민부담의 균등이라는 원칙이 서 있음에도 불구하고, 과거에 이에 따른 부정은 끊임없이 일어나 좀처럼 근절되지 않았던 것 같다.

---

4) 이 제도는 본래 숙종(肅宗) 때 마련된 오가작통법(五家作統法)과 중국의 왕양명(王陽明)의 십가패식(十家牌式)의 방법을 본뜬 것으로서 일제강점기 때의 유물이기도 하다. 우리나라에서는 헌종(憲宗) 때 천주교도를 색출하기 위하여 오가작통 조직이 이용되었다(이을호 역, 1975, 목민심서, 현암사, 215쪽).

부정의 방법이 지능화될수록 일반 서민들의 괴로움이 가중되는 것은 과거나 지금이나 다를 바가 없었을 것이다.

부역은 고르게 되어야 한다. 이는 수령의 중요한 임무인 것이다. 고르지 않게 세금을 부과하거나 징수해서는 안 된다. (중략) 궁전·둔전·교촌·원촌 등 면세 대상을 조사하여 사실과는 달리 은닉된 부분이 있거든 모조리 들추어다가 공적 부과를 고르게 하도록 하라. 역촌·참촌·창촌 등을 조사하여 사리에 어긋난 은닉 행위가 있거든 모조리 들추어다가 공적 부역을 고르게 하도록 하라. 곡물 징수는 공납제만 못하다. 본래 물납제라 하더라도 금납제로 고치는 것이 좋다. (중략) 중앙의 관리라고 해서 요역을 면제하라는 법은 없다. 도회지에 사는 관리는 면제해 주지 말고 아득한 벽지에 사는 관리는 권도로 면제해 주도록 해도 좋다. (중략) 균역법을 제정한 이후로는 어염선 등의 특별세에 일정한 비율이 있었는데 법이 오래되자 폐단이 생겨 이속들이 농간을 부린다. (중략) 어물세를 받는 대상은 모두 바다 속에 있으니 샅샅이 살필 길이 없다. 정기적으로 총액을 비교해 보면서 함부로 징수하는 일이 없도록 하라. 염전세는 본래 허술하다(이을호, 1975).

면세 대상에 궁전과 둔전, 교촌, 원촌 등을 꼽았던 것은 조세 부과에 지역차를 인정한 것이라 할 수 있다. 그리고 역촌, 참촌, 창촌 등에서 탈세 비리가 많았음을 알 수 있다. 어물세와 염전세에 대하여는 융통성을 인정하여 지나치게 가혹하게 하지 않도록 한 것도 흥미 있다.

4) 도로(道路)

상대적 입지의 결정적인 요인으로서의 교통발달은 예나 지금이

나 대단히 중요하다. 도로는 경제활동의 동맥 역할을 담당하는 기
능에서 으뜸이라 할 만하다. 18세기 후반의 각종 도로와 교통로를
보는 정약용의 시각은 매우 예리하다.

> 도로를 확장 수리하여 길손들로 하여금 그 길로 다니고 싶게 하는 것
> 도 훌륭한 목민관의 정책이 될 것이다. 교량은 물을 건너는 도구이다. 날
> 씨가 추워지면 곧장 놓아 주어야 한다. 나루터에는 배가 반드시 있어야 하
> 고, 정자마다 이정표가 빠지는 일이 없으면, 길손들이 기뻐할 것이다. 여점
> (旅店)에서 전임(傳任)하는 일이 없고,[5] 재에서 가마를 메게 하지 않으면
> 백성들은 어깨를 쉴 수 있을 것이다. 여점(旅店)에서 간악한 도둑을 숨기
> 지 않고, 참원에서 음란한 짓을 하지 않으면 백성들의 마음이 밝혀질 것이
> 다. 길에 황토를 깔지 않고 길가에 횃불을 세우지 않아야 '예를 안다'
> 고 말할 수 있다[6](이을호, 1975).

수세기 전이라는 시차는 있지만, 만인이 이용하는 건강하고 규범
적인 '도로' 환경 수칙이 모두 열거되었다. 도로를 확장 수리하는
일은 대민 봉사의 지름길임은 예나 지금이나 같을 것이고, 필요한
요로에 불편함이 없도록 교량을 놓아 도로의 소통을 원활하게 하
는 것도 고금을 통해 중요한 일들이었다. "나루터에는 배가 있어야
하고, 정자마다 이정표가 있어야 한다."는 말에는 수륙교통을 막론
하고 백성들이 이용하는 공공 도로상 또는 수운 교통의 기착지에
서는 반드시 필요한 정보와 장비가 늘 구비되어 있어서, 추호의 불

---

5) 여점(旅店)은 길손이 주식(酒食)을 사 먹기도 하고 쉬기도 하는 객점(客店). 전임(傳任)은 관
   료들이 백성들에게 사사로이 짐을 지워 보내는 일(李乙浩 譯, 1980, 목민심서, 현암사, 341쪽
   譯者 註).

6) 원문을 보면 다음과 같다. "修治道路使行旅願出於其路亦良牧之政也 橋梁者濟人之具也天
   氣旣寒宜卽成之津不關舟亭不缺堠亦商旅之所樂也 店不傳任嶺不擡轎民可以息肩矣 店不
   匿奸院不恣淫民可以淑心矣 路不鋪黃畔不植炬斯可日知禮矣"(牧民心書 工典編 道路條)

편함이 없도록 해야 한다는 대민 봉사의 기본 철학이 들어 있다.

다산이 목민관 생활을 할 무렵에도, 서민들에 대한 양반들의 횡포가 심했고, 노상의 길목에 도둑이나 강도가 출몰했으며, 긴 여정에서 잠시 쉬어 가며 정보를 얻고, 말을 쉬게 했던 역참이나 원(院)에서 도덕상 위배되는 음란한 짓이 왕왕 있었음을 알 수 있다. 시대를 달리하여 그 악랄한 수법이나 교묘한 방법론만 달라졌을 뿐이다.

황토와 횃불에 대해, "임금이 다니는 통로에는 황토를 깔았는데, 언제부터 시작된 일인지는 알 수 없다. 어느 사람은 '태양의 황도(黃道)를 상징한 것이다.'라고도 하지만, 알 수 없는 일이다."라고 하면서 높은 사람이 통과할 때의 번잡스러움은 소통의 원활함을 막아 민폐를 크게 끼치는 일로 보고 있다.

3. 농사기술의 보급과 겸업장려, 분업생산

다산이 제시하고 있는 구체적인 권농정책으로서 첫째, 농민의 조세부담을 경감해 주어야 한다는 것, 둘째, 농사만을 권할 것이 아니라 과수 및 원예, 그리고 목축, 잠업 등의 부업들도 장려해야 하며, 셋째, 농기(農器)와 직기(織機)를 만들어 사용하게 하고, 넷째, 농우(農牛)를 급여하거나 대여해서 기르도록 하였다. 다섯째, 소의 도살을 경계하고 목축을 권장하여야 함을 주장하였다. 이들 내용들은 시대를 달리하였지만, 오늘날 농촌의 농가소득을 위한 방법들과 대동소이하다. 특히 겸업을 장려하는 것은 대도시 주변 접지농업

(또는 근교농업)의 농촌사회에서의 수익증대를 꾀하려는 방향과 일치한다.

> 농업은 농민의 이익이다. (중략) 목자들은 부지런히 농민들을 지도함으로써 그들의 명성과 공적으로 여겼으니 농사지도는 목자의 으뜸가는 임무인 것이다. 농사지도의 요체도 조세를 덜어 주고 부역을 적게 해 줌으로써 그의 근거를 북돋워 주는 데 있다. 그래야만 토지가 개간되고 넓어질 것이다. 권농정책은 가색뿐만 아니라, 수예·목축·양잠 같은 것도 권장하지 않으면 안 된다. 농사는 식량의 근본이요, 뽕나무는 의복의 근본이다. 그러므로 농민들에게 뽕나무를 심게 하는 것은 수령의 중요한 임무인 것이다. 농기구와 방직기를 만들어서 농민들이 편리하게 사용하도록 해 줌으로써 그들의 생활에 보탬이 되게 하는 것도 목자로서 힘쓸 일이다. (중략) 진실로 농사를 지도하려거든 소의 도살을 못하게 하고 목축에 힘쓰도록 권장하여야 한다. 통틀어 권농정책은 무엇보다도 먼저 전담 직분을 결정해 주어야 한다. 전담 직분을 정해 주지 않고 이것저것 섞어 다루게 하는 것은 옛날 왕들의 법도가 아니다. 대체로 권농정책에는 여섯 가지 과목이 있다.[7] 각각 그들에게 전담 직분을 맡겨 놓고 그의 공적을 따져 특상을 줌으로써 농민들의 생기를 돋우어 주어야 한다(이을호, 1975).

1) 농사 기술

다산은 농사정책의 기술적인 면에도 비중을 두었다. 이는 그가 실학자로서 실학적 사고를 실천에 옮긴 목민관이었기 때문일 것이다. "지극히 어리석은 자는 아래 있는 백성들이요, 지극히 정밀한 것은 농사짓는 이치이므로 반드시 이치에 밝고 만물에 통달한 군

---

7) 六科 : ① 구곡(九穀)을 다스린다. ② 백과(百果)를 심는다. ③ 백채(百菜)를 심는다. ④ 포면(布綿)을 생산한다. ⑤ 백재(百材)를 심는다. ⑥ 육축(六畜)을 기른다(이을호 역, 1975, 목민심서, 현암사, 224쪽 원문 註).

자(君子)가 농사(農師)가 되어 가르치고 깨우쳐 주되, 토지의 성질을 가려내 주고 농기구의 사용에 익숙하도록 해 줌으로써 그들이 미치지 못한 것을 도와주면 비로소 백성들의 일은 궤도에 오르게 되고, 일하는 데도 법도가 있게 될 것이라고 하여 농사의 기술적인 지도를 수령(守令)에게 지시하였다.

다산은 농사를 권장하는 방식에서 구체적으로 토질조사와 개선책이 무엇인지, 그리고 파종하는 방법의 잘못된 구습타파, 관개기술의 깨우침과 장려, 농기구 및 직기의 개발 등 농업에 필요한 실제적 상황에 부딪치는 제 분야에 온갖 정열과 관심을 촉구한 실학자요 솔선수범한 목민관이었다.

(1) 파종

우리나라 백성들은 자고로 군자의 가르침 없이 혼자서 농사를 지을 뿐이라면서 그 결과로 조선에 있어서의 농사기술이 발달하지 못한 것에 대해 개탄하여 이르기를, 백성들이 종자를 선택함에 있어 정밀하지 못하고 종자를 저장하는 데도 조심하지 않으며 종자를 뿌리는 데 있어서도 법도가 없음을 지적하고 있다. 먼저 뿌린 후에 갈기도 하고 갈지 않고 종자를 심는 그릇된 방식들이 곳곳마다 관례화되는 것에 대해 큰 걱정이 아닐 수 없음을 지적하면서, "수령(守令) 된 자는 진실로 성심껏 가르쳐 그들의 그릇된 관습을 버리게 하고 농사의 바른 방법을 깨우쳐 줌으로써 한 마을이 모두 본을 받고, 나아가 여러 군이 함께 익히게 되면 적은 힘을 들이더라도 소출은 많을 것이고, 백성들의 재물이 불어나 국력이 넉넉해질 것이니 어찌 보탬이 적다고 할 수 있겠는가"라고 하였다.

그는 마땅히 종자를 택하도록 권하고 균파(均播)하도록 권하여야 한다면서 우리나라 습속을 보면, 한 말의 종자를 뿌려 싹을 틔운 것은 겨우 7升이니 싹을 틔운 것이 7승이라면 김을 맬 때 뽑아 버린 것은 거의 3승이나 된다. 뭉개 버린 곡식은 많고 얻은 곡식은 적으니 사방 10리(里)의 밭 3만(萬) 7승경(升頃)을 균파(均播)하면 한 이랑에서 3승을 얻고 난파(亂播)하면 한 이랑에서 3승을 잃게 될 것이다. 이에 백리에서의 손익 비율이 속(粟)으로 3백(百) 20만(萬) 섬(斛)이나 될 것이라면서 권농하는 관리는 이 점을 염려해야 된다고 하였다. 여기에서 다산은 종자선택과 파종을 권농정책의 중심으로 삼아 조선사회에 있어서의 그 미숙하고 부정확함을 비판하였다. 나아가 농사의 기술적인 진전을 기하여 농민의 재정적인 향상으로서 국가재정의 확보 방향을 제시하였다.

(2) 농기와 직기 제작 사용

한편, 다산은 농기구와 직기를 만들어 사용하게 함으로써 백성들의 생활을 넉넉하게 해 주는 것도 수령이 힘쓸 일이라고 하였다. 그 기술적 처리는 대체로 서광계(徐光啓)의 농정전서(農政全書)에 의거하여 농기구의 전반적인 개량을 시도하고, 이 방면에서 상대적으로 후진적이었던 조선사회의 방식을 중국의 것을 배워 개량해 보고자 하였다. 발달한 중국의 농기구 연구서인 서광계의 『農器織機圖報』에 의해 조선의 농기구를 중국의 것에 좇아 간편하고 사용하기에 편리한 중국식의 것을 모방하여, 실험적으로 개량해 보고자 하였다(홍이섭, 1959).

개발과 이용후생에 관한 다산의 생각에는 그의 실사구시적이고 이용후생하는 철학이 잘 깃들어 있음을 알 수 있다.

> 공작 도구를 뻔질나게 만들고 기교 있는 일꾼들을 불러들이는 것은 한 몫 보자는 속셈인 수가 있다. 비록 백공이 득실거리더라도 내 것이라고는 만들지 않아야 청렴한 선비의 관청이 될 것이다. 설령 도구를 만드는 수가 있더라도 비루한 욕심이 그릇에까지 미치지 않도록 하라. 모든 기구를 만들 때는 당연히 통장 결재가 있어야 한다. 농기구를 만들어서 농민들의 경작을 권장하도록 하고, 베틀을 만들어서 부녀자의 길쌈을 권장하는 것은 목민관의 직책일 것이다. 손수레를 만들어서 농사일을 권장하고, 병선을 만들어서 전쟁에 대비하는 것도 목민관의 직분일 것이다. 벽돌 굽는 법을 가르치고, 따라서 기와도 굽게 하여 온 성안을 기와집이 되게 한다면 그것도 잘하는 정책일 것이다. 집집마다 쓰는 되나 저울이 각각 다른 것은 어찌할 길이 없지만, 창고나 저자에서 쓰는 것은 규격에 맞추도록 해야 한다(이을호, 1975).

농기구, 베틀, 손수레, 병선(兵船) 등을 만들어 농민생활에 이롭게 하거나 전쟁에 대비하도록 권장하는 일, 벽돌과 기와를 굽도록 하여 온 성안을 기와집이 되도록 권장하는 일, 그리고 집집마다 곡식의 양을 잴 때 사용하는 되나 말의 규격 통일이 되어 있지 않은 것은 대단히 바람직하지 않으며, 창고나 시장 거리에서 사용하는 말과 되를 비롯해 어디서나 통용될 수 있는 공공의 '잣대'가 있어서 생활의 편리함과 신뢰를 구축할 수 있는 일임을 권장하고 있다. 이와 비슷한 생각들은 조선 후기 실학자들인 박지원과 박제가 등 실학파 학자들의 글에서도 확인된다.[8]

---

8) 연암 박지원은 그의 『열하일기』에서 '차제론(車制論)'을 펼치며 마차, 수(水)차, 손수레 등 여

(3) 수리(水利)시설의 이용

다산은 수리(水利)의 기술적 처리에 대해서도 언급하였다. 당시의 사고(思考)로서, 수리를 일으키고자 하면 수차(水車)로 하는 것보다 더 좋은 방법이 없다고 생각하였으며, 그중에서도 태서(泰西)의 방법보다 더 좋은 것은 없다고 하여 본받을 것을 권하였고 태서수법(泰西水法)을 원용하고자 하였다. 그 사용법이 간단하고 용이하니 실행하려면 재주 있는 자를 시켜서 연구해 가면서 실행토록 해야 하고, 만일 물길이 낮고 밭의 들판이 높으면 높을수록 수차(水車)를 수구(水口)에 놓고서, 민호(民戶)를 헤아려서 이를 운반하면 된다고 하였다.

2) 겸업

안정되지 않은 민생에 대해 끝없는 정열을 경주하여 다산은 민생을 위한 농촌경제 활성화 방법으로 겸업을 적극 장려하였다. 장려정책으로 가축만을 권할 것이 아니라 과수원예나 축목, 잠적(蠶績) 같은 일들도 권하여야 한다면서 보농(補農)의 필요성을 역설하여 농촌의 경제적 안정을 도모하고자 하였다.

다산은 농가부업이 원시적인 단계에서 답보를 거듭하고 있는 실

러 종류의 차제(車制)를 현실생활에 적용할 것을 장황하게 설명하고 권장한다. 또한 그가 보고 확인한 청나라의 여러 문물제도 가운데, 벽돌과 기와를 구워 다양하고 실용적으로 사용하는 것을 배워 그 좋은 점을 우리 것으로 해야 함을 주장하기도 하였다. 박제가 역시 그의 저서 『북학의』를 통해 이상에서 언급한 여러 문물과 제도를 받아들여 우리 것으로 해야 함을 역설하고 있다.

정을 비판하면서 이러한 현실 타개를 위해 우선, 수령된 자가 우매하고 나태한 백성들을 깨우쳐 겸업(=부업)의 필요성을 깨닫게 하고, 계몽 선도해 줌으로써 농민들로 하여금 나설 수 있도록 도와주어야 한다고 강조하였다.[9]

(1) 잠업(蠶業) 장려

우리나라의 수령들도 이웃나라 옛 수령의 치민(治民)하는 태도를 본받아 적극적인 선정(善政)의 실천을 재삼 강조하면서 농사는 식생활의 근본이요, 뽕나무는 옷의 근본인 까닭에 백성들에게 뽕나무를 심도록 장려하는 것은 수령의 중요한 임무임을 밝히고 있다. 나아가 다산은 뽕나무를 심어 가꾸는 법을 주자(朱子)에게서 취하여 자기가 직접 시험해 보아 실효를 거두었던 예를 들어 권면하기도 하였다.[10]

(2) 목축 장려

다산은 보농(補農)의 한 방법으로 축목(畜牧)을 적극 장려하여 말하기를, "농사는 소로 짓는 것이니 관으로부터 소를 급여받기도 하고 백성들이 소를 빌어 기르도록 하기도 하는 것이 권농의 항무(恒務)인 것이다."라고 하여 목축의 조건으로 도살의 금지를 들었

---

9) 이를 강조하기 위해 다산은 중국 옛 수령들의 治民之道의 예를 구체적으로 들어 인용하고 있다. 九覽이 蒲亭長이 되었을 때 생업을 장려하는 예로 科슞을 만들어 실시한 예, 陳幼學이 確山縣의 長이 되어 농업장려책으로 훌륭한 농정을 베푼 예 등을 들었다.

10) 다산은 본인이 중국 明禮坊에 있을 적에 직접 뽕나무 20여 주를 가꾸었던 예를 세세히 들고 있다(『목민심서』 십칠권 권농편).

다. 다산은 축목하는 사정을 우리나라와 중국의 것을 비교하여 지적하기를, "동우(東牛)는 항상 목욕시켜 털을 깨끗이 손질해 주는데 비해 우리나라의 소는 평생토록 똥 찌꺼기가 말라붙어 있어도 씻어 주는 일이 없다."면서 농민들의 나태한 습관을 나무랐다.[11]

잠업이나 목축 등을 보농(補農)의 수단으로서 다산이 강조한 것은 오늘날 대도시 근교 또는 교외 농촌지역에서의 겸업 활동을 통한 농가수익 증대 방안을 꾀하는 것과 시대를 달리할 뿐, 그 내재적 철학과 원리는 그대로 일치한다고 할 수 있다.

3) 분업화를 통한 과일생산의 전문화

농사정책의 합리화와 농산물의 증산을 촉진하는 한 방안으로서 다산은 직분을 결정해 주는 것을 우선해야 한다고 하면서, 직분을 나누어 결정해 주고 그 직분에 따라 각기 제 작물을 생산하도록 권하였다. 다산은 농사정책에 있어서 그 분과적(分科的)인 기술(技術)과 지식을 쌓도록 하였다. 농사정책의 시행에 있어서, 육과(六科)로 나누어 각각 그의 직분을 주고 공적(功績)을 헤아리며 민업(民業)을 장려해야 한다는 원칙을 주장하였다. 또한 기술적으로 각 전문적인 부문을 확립시키고자 하였다. 다산은 육과(六科)로 나누되, 田農爲一科(治九穀) 園塵爲一科(種百科) 圃畦爲一科(種百菜) 嬪功爲一科(出布綿) 오衡爲一科(種百材) 畜牧爲一科(養六育)[12]로 명

---

11) 이 밖에 중국에 비해 우리나라에서 도축이 심한 것을 지적하기도 하고, 율곡이 평생토록 소고기를 먹지 않는 이유, 즉 소의 힘을 이용하고 또 그 고기까지 먹어야 되겠는가고 하였음에 가장 온당한 이치라고 다산은 공감을 표시했다.

명 분류하고, 이들 육과(六科)에 대한 고과의 방법으로 각기 9가지씩을 들었다. 이를테면 전농구고(田農九考), 원진구고(園塵九考), 포규구고(圃畦九考), 부공구고(婦功九考) 등으로 9가지씩을 평가토록 하는 방식이다. 각각 9가지 일을 가지고 그의 공을 관찰하되 예를 들면, 조전(旱田)에 대한 공은 부종(附種)으로 이앙(移秧)에 해당하도록 하였다.

또한 원진구고(園塵九考)로는 대추, 밤, 배, 감, 매실, 살구, 복숭아, 오얏, 호도 등을 꼽았는데, 이것을 구과(九果)로서 여겨 그의 공을 헤아리되, 이 외의 과실들에 대하여는 각각 토산에 따라 융통(融通)이 있을 수 있고, 林禽頻婆, 앵도, 석류, 귤, 치자, 모과 등에 대해서도 적절히 융통성 있게 하면 되도록 하는 방식을 취했다.

다산은 또한 아홉 서열(九等)의 차례를 결정하는 데 있어서, 하나하나 밭의 백정(百井)마다 한 농가(一農)씩을 두어 그의 공능(功能)을 정확히 고려하여 현령에게 보고토록 하고 현령은 그것을 받아 가지고 고과하는 방법대로 아홉 가지 등급(九等)의 차례를 정하도록 했다.

농사를 통하여 나라와 백성을 부유하게 하기 위한 방법에 대해서 다산은 이토록 세세한 부분까지 실제 구현할 수 있는 방법을 제시하고, 현령이나 수령들로 하여금 솔선하고, 감독하며 정확하게 고과하여 농촌경제의 활성화를 꾀하도록 하였다.

---

12) 『목민심서』 십칠권 권농편.

4. 자원과 환경의 관리

공전육조(工典六條)에서는 산업개발의 문제를 다루고 있다. 행정 구역의 치산, 치수, 주택, 방어시설, 도로개발, 광공업 육성 등의 제 문제를 어떻게 처리할 것인가에 관심을 두었다. 이들 내용과 관련 하여 동양의 여러 고전들을 재해석함으로써 원리적 정당성과 중요 성을 상고하고, 우리나라의 역사상 사례를 교훈적으로 지적한 후, 현실적인 처리방안이 되도록 하였다.

1) 산림(山林) 및 광물자원의 관리

산림조(山林條)를 통해 다산 정약용은 산림과 국가경제에 관한 생각을 전개하고 있다. 당시의 산림이 헐벗게 되는 이치를 날카로운 목민관의 시선을 통해 엄격히 질타하고 있으며, 산림을 관리하는 데 있어서의 목민관의 융통성에 대해서도 언급함으로써 지방을 다스리 는 지방자치단체 장(長＝목민관)으로서의 자세를 보여 주고 있다.

산림은 국가재정 염출의 자원이다. 치산정책은 예로부터 소중히 여겨 왔던 것이다. 국유림은 양송을 위하여 벌채를 엄중히 단속해 오고 있으니 삼가 이를 준수하도록 하고, 이에 따른 폐단은 세밀히 살피도록 하라. 사 유산(림)일지라도 마음대로 벌채를 못 하게 하는 것은 국유림과 다름이 없 다. 국유림은 차라리 썩어 버리더라도 가져다 써서는 안 된다. 황장목을 하산시킬 때 생기는 갖가지 폐단은 가려내도록 해야 한다. 장사치들이 벌 채 금지된 산판의 솔을 몰래 베어다가 파는 수가 있는데, 이를 법대로 단속하고 재물욕심은 버리도록 하는 것이 좋을 것이다. <u>나무는 심거나 가꾸도록 법으로 마련해 놓았지만, 자연생을 해치지만 않는다면 다시 심어서 무엇 할 것인가.</u> (중략)

<u>양송하는 깊은 산골짜기에서는 벌채가 엄금되어 있으니, 법을 잘 지키도록 해야 한다. 산허리에서 경작하는 것을 금지하는 법이 있는데 기준을 잘 측정해야 하고, 법을 어겨서는 안 되지만 법을 너무 고지식하게 지켜도 안 될 것이다. 북서지방의 삼과 돈피에 부과한 특수 물품세는 너그럽게 해 주어야 하고, 혹 탈세하는 수가 있더라도 관대하게 처리해 주는 것이 좋을 것이다. 남동지방에서 삼을 공납하게 하는 폐단은 날이 갈수록 심해 가고 있으니, 실정을 속속들이 살펴서 과중한 부담이 되지 않도록</u> 조처하라.

<u>전부터 있어 온 금·은·동·철의 광산에 대하여는 범법 여부를 살펴내어야 하고, 새로 채광하는 자는 불법채굴을 못 하도록</u> 하라. 지방 소산물을 함부로 채취하여 지방민을 괴롭히는 일이 없도록 하라. <u>채광하는 방법은 날로 새로워지고 있으니, 설령 국법이 말리더라도 새 법은 시험해 보는 것이 무방할</u> 것이다(이을호, 1975).

위의 글을 통해, 당시의 산림정책이 오늘날의 그것과 큰 차이가 없었음을 알 수 있다. 흥미로운 것은 목민관으로서 다산의 실험정신과 융통성이 곳곳에 나타나고 있는 점이다. 기본 원칙을 준수하되, 지방 백성들을 위해서 목민관의 정확한 판단 아래 "지역실정을 감안하여 무조건 고지식하게 원칙만을 고수하는 것은 능사가 아니라"고 하는 내용이라든가, 광산에 대한 불법채굴을 못 하도록 엄히 다스리되, 국법이 말리더라도 목민관은 "새로운 채광하는 방법을 시험해 보는 것도 무방한 일"이라고 하여 실사구시적 실험정신을 강조하고 있다.

<표 3> 공전(工典)의 내용구성

장(章)제목	내용의 방향
工典(編): 國富民利의 이정표	① 산림(山林): 푸른 꿈의 자원
	② 천택(川澤): 흐르는 물의 경제
	③ 선혜(繕廨): 補修와 환경미화
	④ 수성(修城): 유사시의 안보대책
	⑤ 도로(道路): 善治의 民度
	⑥ 장작(匠作): 개발과 이용후생

자료: 茶山 丁若鏞 著. 李乙浩 譯. 1980. 玄岩社 간행 내용을 바탕으로 필자 재구성

산기슭의 화전을 일구어 사는 백성들의 편에 서서 경사각도의 기준을 잘 측정하여 산골의 농사짓는 백성들의 편의를 도모해 주라고 하는 것은, 원칙을 무조건 준용하지 말고 지역과 실정에 맞도록 해야 하는 목민관의 자세를 말해 준다. 북서지방의 삶이 고단한 백성들을 위해서는 혹 탈세하는 일이 있더라도 관대하게 처리해 주는 것이 좋다고 하는 내용과, 남동지방의 실정을 속속들이 살펴 공납에 있어서 과중한 부담이 되지 않도록 조처하라는 내용은 목민관의 치밀성과 엄정함, 그리고 융통성을 통한 애민사상의 극치를 보여 준다.

다산은 말하기를, 벌채를 금하는데 한 사람의 벌채꾼이 잡히면 벌채꾼은 수령과 아전들에게 뇌물을 바치기 위해 더 많은 벌채를 하게 된다. 그래서 백성 한 사람이 수금(囚擒)되면 나무는 백 그루가 더 베어진다. 본래 나무 때문에 잡혀 들어왔으나 도리어 나무의 힘으로 풀려 나간다. 나무 때문에 죽게 되었다가 도리어 나무의 힘으로 살게 된 셈이다. 이런 사슬고리와 같은 관계 때문에 산은 헐벗게 되고 기강은 문란하게 되며 법은 폐하게 되고 재용(財用)은

축나고 세민(細民)들은 해독을 입게 되는 것이니, 목민관은 이를 알아서 국부(國富)와 민리(民利)에 어긋나는 일체의 중간 협잡을 배제하도록 해야 된다고 엄히 경고하고 있다.

2) 하천(川)과 호소(澤)의 관리

다산은 수자원의 이용 관리에도 남다른 관심을 보였으며 목민관의 치수(治水) 관리의 중요성을 강조하였다.

> 내와 못은 농사의 근본이 되는 것이니, 치수 정책은 예로부터 소중히 여겨 왔다. 냇물이 흘러 제 고을을 지나거든 그 물을 끌어다가 제 논에 물을 대기도 하고, 공용수로 사용하기도 하여 백성들의 생업에 보탬이 되게 한다면 선정이 될 것이다. 작으면 웅덩이라 하고 크면 호수라 하고 막은 것은 두덩 또는 제방이라 한다. 이는 물을 아껴 절약하자는 것이니, '연못 안에 있는 물'이란 절약하는 것이 된다는 이유가 여기에 있다. 우리나라에 이름 있는 호수란 겨우 7, 8개밖에 없고, 나머지는 모두 협착하고 작은데다가 그나마도 잡초가 우거진 채 수리도 되어 있지 않다. 지방 권력자들이 수리를 제멋대로 하여 제 논에만 물을 대는 자는 엄중 단속해야 한다. 갯가에 둑을 쌓고 바닷물을 막음으로써 기름진 농토가 마련되는데 이를 일러 간척지라고 한다. 큰 강가의 둑이 무너져 해마다 큰 재난을 당하고 있으니 제방을 쌓아 이재민들의 생활을 안정시켜 주도록 하라. 뱃길을 소통시켜 줌으로써 장사치가 모여들게 하여 주며, 물살이 넘쳐흐르는 곳에는 둑을 쌓아 주는 일도 잘하는 일이 될 것이다. 웅덩이에서 잡히는 물고기와 연못에서 자라는 갈대 같은 것을 엄중히 관리하여 백성들의 이익에 보탬이 되게 해 주고, 그것을 가져다가 내 것을 만들어서는 안 된다(이을호, 1975).

다산은 『목민심서』 공전(工典)편 천택(川澤)조에서 하천과 호소 및 호수의 치수 원리를 일목요연하게 지적하고 있다. 치수정책은 농사의 근본일 뿐만 아니라 동양 '수리사회'(水利社會) 질서의 바탕이며, 국부를 일으키는 근본으로서 국가 경제 발전에 매우 중요한 것이다. 과거 동양사회(중국의 여러 왕조)에서의 훌륭한 치자(治者)는 치산치수를 잘하는 임금을 일컬었다. 특히 벼농사가 발달했던 한국과 중국, 일본 및 동남아에서 그 중요성은 매우 강조될 수밖에 없는 환경이었다.

다산이 치수의 대상을 다양한 범주에서 찾고 있는 것도 흥미롭다. 하천과 호수, 연못뿐만 아니라, 바다의 갯벌을 메워 간척지로 만드는 일에까지 눈을 돌리고 있다. 뱃길을 소통시켜 장사치들이 모여들도록 해 주어야 한다는 것과 이에 대한 안전장치로 물살이 넘치는 곳에는 둑을 쌓아 주어야 한다는 치수 사업, 즉 홍수와 물난리를 대비하여 제방을 튼튼히 해야 한다는 그의 지적은, 요컨대 경세치용의 실학자 정신의 소산인 것이며, 오늘날의 시각으로는 철저한 경제 지리적 사고를 바탕으로 하고 있음을 알 수 있다. 당시에 상대적 입지의 변인으로 중요시될 수밖에 없는 뱃길의 소통을 지적하고 있는 점, 나아가 물산의 거래가 이루어지도록 장려하는 방법으로 가항 하천의 수상(하천) 교통 여건을 안정적으로 확보해 주어야 한다는 생각은 경제지리적 지식을 몸으로 익혀, 이를 목민의 기본 지식으로 활용하였다고 할 수 있다.

간단하게 언급하고 있지만, 바닷물의 드나듦이 폭넓은 곳에 갯벌이 발달하고 이를 둑으로 막고 메워서 토지이용의 확대를 도모하기 위한 간척지의 조성을 논한 점은 시대를 앞서가는 실사구시적인 탁견이다.

3) 청사의 보수(補修)와 환경관리

목민관으로서의 행정에 관한 철학을 언급하는 가운데 다산은 청사에 대한 절약정신을 바탕으로 하여 보수와 주변의 환경미화는 목민관으로서의 심미적, 정서적 자기관리와 관아를 찾는 길손이나 서민들에게도 바람직한 좋은 인상을 주는 일인 것을 지적하였다.

> 청사가 기울거나 무너져서 비가 세고 바람이 스며드는데 수리하지 않고 내버려 둔다면 목민관의 큰 잘못이다. 규정에는 함부로 손대는 것을 금하는 조약이 있고, 사사로이 건축하지 못하게 하였지만 전 사람들은 아무렇지도 않은 양 이런 일을 처리했던 것이다. 유원지의 누대나 정각의 운치는 한 고을에 없을 수 없는 시설이다. 재료를 모으고 기술자를 모집하여 실정에 맞도록 헤아려서 해야 하고, 뚫어진 구멍을 먼저 막아야 하며, 노임은 절약하도록 해야 할 것이다. 청사의 수리가 다 잘된 뒤에 꽃과 나무를 심는 것은 또한 맑은 선비의 발자취가 될 것이다(이을호, 1975).
> 성터를 수리하고 참호를 파서 국방을 견고하게 하고 백성의 생활을 안정시키는 것도 또한 국토방위 책임자의 직분인 것이다. (중략) 평상시에 성터를 수리하여 지나가는 길손이 관람할 수 있도록 옛터를 돌로 보수하면 좋을 것이다(이을호, 1975).

이첨(李詹)은 그의 강화이섭정기(江華利涉亭記)에서 이르기를, "고을에 놀이를 구경하는 장소를 만드는 것은 진실로 이야기할 일이 못 된다. 그러나 기운이 번거롭고, 정신이 산란하며, 보고 듣는 것이 가려지고, 뜻이 막힐 때를 당하면, 군자는 반드시 놀고 쉴 만한 높고 상쾌한 곳이 있어서, 이리저리 바라보고 거닐며 정신을 맑게 한 뒤에야, 번거로운 것이 간단하여지고, 산란한 것이 안정되고, 가려진 것이 소통되고, 막힌 것이 트이게 되는 법이다."라고 적고 있다(민족문화추진회, 1978). 이것은 군자로서의 목민관이 정신세계를 맑게 하며, 재충전할 장소로서 마음의 휴식을 줄 아름다운 장소의 필요성을 일깨워 주는 내용이다.

누대나 정자의 시설을 전망 좋은 알맞은 위치를 골라 마련하는 것은, 요즈음 전망 입지점(view point)을 가려 정신을 가다듬고 주변의 수려한 경관을 감상하도록 하는 것과 맥이 통한다고 할 수 있다. 다만, 현대의 관광이 좀 더 동적(動的)이고 따라서 넓은 지역을 망라하는 물리적인 것이라면, 과거의 그것은 훨씬 정적(靜的)이고 관조하는 의미에서의 정신적인 것이라고 할 수 있다. 이것은 오늘날의 현대지리학의 위락지리(recreation geography) 개념과 관련 깊다. 위락지리의 개념에 자연환경의 설계 및 배치(=layout)를 중시하는 내용을 포함할 수 있는데, 이것은 곧 다산이 말하는 '말끔하게 수리가 끝난 청사에 꽃과 나무를 심어 맑은 선비의 발자취로 남기는' 정신과 일맥상통한다고 볼 수 있다. 다산이 얘기한 이러한 고전적 시설은 귀족풍이 풍기는 선비의 놀이터에 국한되었던 점이, 요즈음의 그것과 다른 점이다.

5. 재해와 대책

1) 자연재해

농업에 피해를 입히는 재해에는 한해, 풍수해, 충해, 상해, 냉해 등 여러 가지가 있지만 그중에서도 한해와 풍수해의 피해 정도와 범위가 가장 심하고 넓다. 『목민심서』에서도 한해에 따른 재해가 매우 심각함을 알고 그 대처 방안을 다음과 같이 제시하고 있다.

> 시절이 이미 한재로 판정이 나면, 논을 밭으로 만들도록 지도하고, 다른 곡식의 씨를 뿌리게 하며, 가을이 되면 보리갈이를 권장하도록 하라. 봄날이 길어지면 공사를 일으키는 것이 좋다. 관사의 허물어진 곳을 손보고, 모든 기관의 보수도 이때에 하는 것이 좋으며, 이엉도 이도록 하라. 흉년에 먹을 수 있는 풀로서 백성들의 식량에 보탬이 됨직한 것은 관에서 쓸 만한 것을 고르고, 학교 선생들더러 몇 개들 추려서 뽑아내게 하여, 각각 소문이 퍼지게 하라. (중략) 배고픈 사람들이 불을 지르는 수가 있는데, 엄중히 단속해야 한다. (중략) 곡식을 소모하는 것 중에 술과 식초만 한 것이 없으나 양조 금지는 어찌할 수 없는 것이다(이을호, 1975).

재해대책으로서 토목공사를 일으키는 것은 부유한 계층의 사람들의 부를 이재민들에게 합리적 절차를 만들어 분배해 주는 효과가 있다. 국가 정책적인 면에서 목민관을 통한 이러한 목적의 공사를 일으켜 이재지역의 민심을 수습하고, 어려운 국면에 지혜롭게 대처하는 것은 예나 지금이나 같다.

2) 전염병의 대처

오늘날 악성 전염병의 유행은 옛날에 비하여 훨씬 다양해지고 그 독성도 강해졌으며, 그 치료법 역시 꾸준히 개발되어 왔고, 처방 역시 다양해지고 있다. 전염병 창궐 지역의 범위가 과거에는 좁은 지역단위이던 것이 근세에 이르러 더욱 넓어졌고, 오늘날에는 조류독감 등의 확산 범위에서 드러나듯이 대륙적이요, 세계적이다. 『목민심서』에 보이는 전염병에 대한 기록은 다음과 같다.

> 유행성 전염병이 나돌 때 어리석은 풍속에 꺼리는 일이 많지만, 타일러 치료해 줌으로써 두려워하지 않도록 해야 한다. 악성 전염병이 크게 유행하여 많은 환자들이 죽게 되거나 천재가 많은 피해를 끼쳤을 때에는 관에서 구조해 주어야 한다. 유행병의 사망자가 많을 때 이들을 구호하고 매장해 준 사람에게는 국가의 상전이 있어야 할 것이다. 근자에 유행한 새 전염병의 치료에는 새로운 외국 처방이 있다(이을호, 1975).

다산은 새 전염병의 치료에 새로운 외국 처방이 있는데 이를 시도해 보라는 메시지를 담고 있다.

6. 결론

『목민심서』의 경제지리 관련 내용을 보면, 다산의 지리적 관심의 폭과 해박함을 알 수 있다. 토지, 인구, 부역과 조세, 도로, 파종 방법과 농사도구의 제작 사용 및 수리시설에 대해, 나아가 목축과 잠업 등 겸업의 장려, 과일의 분업적 전문생산, 임산 광물 자원과 자연자원, 그리고 쾌적한 친환경 관리, 자연재해와 전염병에 대한 대처 등 오늘날 지리학 내지 경제지리학에서 관심을 기울이는 주제들과 많은 부분이 일치한다.

당시의 경제적 비중은 아무래도 농업경제에 가장 많이 두어질 수밖에 없었으므로 다산의 많은 관심은 농촌과 농업에 모아지고 있다. 농민들이 잘살 수 있도록 농업을 권장하고, 행정관이 솔선하여 농촌을 계몽하며, 농사방법론을 세세한 곳까지 구체적으로 들어 밝힘으로써 농민들이 실제로 적용할 수 있도록 한 것은 문자 그대로 실사구시적이다.

다산의 권농정책에 내재된 사상을 살펴보면, 당시 봉건사회가 안고 있는 여러 가지 모순점과 부패상황을 적나라하게 파헤치고 궁지에 몰려 있는 백성들의 생활향상을 위한 강구책에 심혈을 기울인 흔적을 곳곳에서 느낄 수 있다. 다산의 권농정책의 기저에는 몇 가지 원칙이 있다. 첫째, 엄정한 상벌주의에 입각한다는 점이다. 이를 통해 농민들 간 경쟁의식을 고취시켜 효율화를 극대화할 수 있다. 둘째, 권농정책의 구현을 위해서는 이상으로 그쳐서는 아무 소용이 없고, 현실적으로 농민들에게 직접 적용되고 소화되어 생산력으로 직결되어야 한다는 점이다. 그러기 위해서는 목민관이 항시 농업 기술을 개발하고 솔선수범하여 모범을 보여야 함을 강조하고 있다. 셋째, 농촌경제의 활성화와 풍요를 더하기 위한 겸업 장려에 비중을 두었다는 점이다. 농가의 자급자족과 안정을 추구하는 정신은 시대를 뛰어넘어 오늘날의 우리 농촌경제를 부요하게 하는 실제적 진단이라 할 수 있다. 넷째, 나라와 민족을 부유하게 하는 것은 농사이며, 따라서 토지관리에 지혜와 힘을 모을 것을 강조하여 천하 농사지대본(農事之大本)에 토농일여(土·農一如)의 정신을 강조하였다.

다산의 경제지리적 관점은 어떠한 것인가? 다산의 지리관을 알기 위해서는 먼저 실학을 알아야 하며, 이러한 실학을 이해하기 위해서는 당시의 시대적 상황, 사회변화와 연관 지어 이해할 필요가 있다. 전란 후 피폐해진 경제적 여건 속에서 주자학이 형식적으로 굳어져 갈 때, 기존의 지배사상에 대한 변화와 개혁사상이 싹트는 것은 어떻게 보면 당연할 것이다. 다산은 개혁사상의 흐름을 탔으나, 조선사회를 근본적으로 바꾸고자 한 혁명가가 아니라 기존체제의 개선을 시도한 개혁사상가요 실학자로 보아야 할 것이다.

한편, 산업개발의 행정문제를 따지면서 다산 정약용이 한결같이 강조하는 원칙이 있다. 목민관은 아래로 민산(民産)을 해치지 않고, 위로는 국고(國庫)를 축내지 말아야 한다는 내용이다. 이러한 평범한 개념을 체계화하여 당시의 아래로 민산을 해치고 위로 국가 재정을 축내는 중간 협잡배의 정체를 분명히 드러내었다. 이들은 농업 면에서는 지주(地主)층을, 사회적으로는 양반 귀족층을, 정치적으로는 왕권(王權)과 민권(民權)을 억누르는 세도권귀(勢道權貴)층을 의미하였다. 그러한 지주층, 양반층, 권문세도가의 귀족층을 혁파해 버리고 왕권과 민권이 결부되는 형태가 바람직한 것으로 보고, 이를 이루기 위한 기본구상을 산업개발의 행정론으로 전개하였다. 중간 협잡배를 없이 하고 당시 일반 상공업자들이 마음 편히 일에 최선을 다하도록 하는 것이 국부민리(國富民利)의 행정을 달성하는 길로 보았다.

요컨대, 다산 정약용은 18세기 후반, 즉 조선왕조 후기를 대표하는 실학자이다. 다산의 주요 관심과 사상의 흐름은 현실세계에 대한 개혁적 대안을 제시하여 부국과 민생의 안정을 도모하고자 하는 데 두었다. 지리학에 대한 그의 생각은, 이러한 목적을 달성하기 위해 반드시 알아야 할 지식으로 보았다. 특히 농업정책 및 권농과 관련해서 『목민심서』에 매우 잘 드러나 있다. 농촌진흥의 방안으로서 다양한 권농정책을 제시하고 이에 대한 목민관들의 솔선수범을 촉구하였다. 농촌경제에 도움이 되도록 원예, 잠업, 목축 등 겸업(부업)활동에 힘을 기울이도록 하였다.

목민관은 민간산업의 자유로운 활동을 적극 보호하되 그것은 국가 재정체계와 직결된 합법적인 형태의 것이 되도록 해야 하는 한편, 노동의 분업과 기술개발을 위하여 많은 노력을 기울이고, 상공업 활동에 필요한 도로 개발도 서두를 것을 권장하였다. 한마디로, 다산은 지리학(경제지리학)을 경학 위주의 주자학에 저항하여 현실세계를 개선하고 개혁하는 실용적인 목적을 이루는 중요한 실학으로 보았다.

참고문헌

김석형, 1990, 다산 정약용의 생애와 활동, 다산학보 11, p.16.

김영호, 1985, 여유당전서의 텍스트검토, 정다산 연구의 현황, 민음사: 서울.

김인열, 1986, 조선후기 향촌사회구조의 변동, 정다산과 그 시대, 민음사: 서울.

다산연구회 역주, 1985, 역주 목민심서 Ⅲ, 창작과 비평사: 서울.

민족문화추진회, 1978, 국역 신증동국여지승람(Ⅱ) 제12권, 강화도호부 편.

민족문화추진회, 1982, 국역다산시문집 Ⅳ.

민족문화추진회, 1983, 국역다산시문집 Ⅴ.

박석무·정해렴 편역, 1996, 다산논설선집.

박영한, 1977, 청담 이중환의 지리사상에 관한 연구, 낙산지리 4, 서울대학교 사회대학 지리학과.

안병식, 1985, 목민심서考異, 정다산 연구의 현황, 민음사: 서울.

양보경, 1983, 16 - 17세기 읍지의 편찬배경과 그 성격, 지리학 27, 대한
지리학회.

양보경, 1984, 조선시대 지리서 연구 서설, 지리학의 과제와 접근방법,
석천 이찬 박사 회갑기념논집, 교학사.

윤사순, 1986, 다산의 생애와 사상, 철학 25.

이민수 역, 1995, 아방강역고, 범우사.

이원순, 1991, 조선실학지식인의 한역서학지리서 이해, 한국의 전통지
리사상, 민음사.

이윤갑, 1991, 조선후기의 사회변동과 지배층의 동향, 한국학 논집 18,
계명대.

이을호 역, 1975, 목민심서, 현암사.

임덕순, 1987, 다산 정약용의 지리론 연구, 지리학논총 14.

임덕순, 1991, 다산 정약용의 지리사상, 한국의 전통 지리사상, 한국문
화역사지리학회.

鄭寅普, 茶山先生의 生涯와 業績, 蒼園國學散橋, p.88.

최성철, 1984, 조선후기 실학의 개혁사상, 한국학논집 6.

최영준, 1992, 조선후기 지리학 발달의 배경과 연구 전통, 문화역사지
리 4, 한국문화역사지리학회.

최창조, 1991, 한국 풍수사상의 이해를 위하여, 한국의 전통지리사상,
민음사.

홍이섭, 1959, 정약용의 정치경제사상연구, 한국연구도서관: 서울.

제5장

서영보 · 심상규의 『만기요람(萬機要覽)』

1. 서론

1) 『만기요람(萬機要覽)』 편찬의 시대적 배경

『만기요람(萬機要覽)』 11권은 조선 왕조 제23대 순조 8년(1808년)경에 시임 호조판서 서영보(徐榮輔)와 부제학 심상규(沈象奎)가 함께 비국유사당상(備局有司堂上)으로 있으면서 왕명을 받들어 편찬한 것이다. 이 책은 재용편(財用篇) 6권과 군정편(軍政篇) 5권으로 되어 있다. 재용편은 국가 재정과 경제의 제도와 실정 및 운용에 대하여 서술한 것이고, 군정편은 국내 군사의 체제와 군정을 집행하는 각 기관과 여러 진영의 직장 기타를 서술하였고 아울러 경비 조달의 방법을 밝히고 있다. 당대의 상황과 옛날부터 내려온 연혁까지 밝혀서 요점을 간추려 놓았다. 이 책은 그 이름과 같이 만기(萬機)를 친재(親裁)하는 군주가 일상 정무를 총람하고자 항상 옆에 두고 참고하여 비망에 도움이 되도록 한 책이다.[1]

『만기요람(萬機要覽)』을 편찬함에 있어서 그 발의(發議)와 경과 등에 대하여 당시의 사실을 『왕조실록(王朝實錄)』, 『승정원일기(承

---

* 본 연구논문은 2008년도 한국학중앙연구원의 지원에 의해 개인과제로 수행된 것임.

1) '만기(萬機)'란 말은 『서경(書經)』 皐陶謨편에 "일일 이일 만기(一日二日萬機)"라는 구절에서 나온 것이다. 기(機)는 미묘한 기틀을 말한 것이며, 임금이 나라를 다스릴 때에 하루나 이틀과 같은 짧은 시간일지라도 미묘 복잡한 국정에 대한 만반의 처리를 위한 것이다. 여기서 기(幾)는 기(機)와 통하는 같은 뜻을 가졌으므로 후세에 내려오면서 만기(萬幾)가 도리어 만기(萬機)로 쓰이게 되어 군주의 정치하는 전용어로서 사서(史書)에 자주 등장한다. 『만기요람(萬機要覽)』은 이러한 의미에서 일반인들이 보는 용도라기보다는 국왕이 친히 보기 위해서 만들어진 책이므로 서명이 이렇게 정해진 것이다(민족문화추진회, 1982, 고전국역총서 67 만기요람 1, p.1, 만기요람(萬機要覽)의 해제).

政院日記)』, 『일성록(日省錄)』 등 중요한 사료에 기록된 내용들을 찾아보면 그 기사의 내용이 자세하거나 간략한 차이는 있으나 기사의 줄거리는 거의 같다고 할 수 있다.[2]

『만기요람』의 편찬을 주재한 서영보와 심상규는 당시 학문과 식견이 조신들 중에서 탁월하였으며 명망도 높은 인물들이었다. 서영보는 영조 35년(1759)에 나서 정조와 순조 대에 걸쳐 벼슬하였다. 명문에서 성장하였으며 정조 12년에 유학(幼學)으로 전강(殿講)에 수위(首位)가 되어 직부전시(直赴殿試)의 명을 받고 다음 해 식년문과(式年文科)에 장원으로 급제하였다. 정조는 그를 곧 규장각검교(奎章閣檢校), 직각(直閣)에 올려 천부적인 재화(才華)를 더욱 연마토록 하였다. 그 후 승지가 되고 창원부사로 나가기도 하였으나 진하사(進賀使)의 서장관으로 연경에 가서 견문을 넓혔으며, 정조 23년에는 다시 규장각에 들어가서 정조의 어제문고의 정리 및 교정에 종사하였다. 이때에 심상규와 같이 구관당상(句管堂上)이 되어 왕의 춘저시대(春邸時代)부터의 총저술 191권의 교정을 완료하여 올렸다. 이것이 후일 홍재전서(弘齋全書)의 원고본이 되었다. 같은 해 24년에는 황해감사로 나갔다가 순조 4년에 경기감사로 옮기고, 또 곧 홍문관제학이 되었으며, 다음 해에 예조판서, 6년에 대사헌과 지중추부사를 거쳐 호조판서로 비국유사당상을 겸하였다. 동8년에는 왕명을 받아 심상규와 『만기요람』의 편찬에 종사하여 불후의 대저작을 완성하였다. 같은 해에 판의금(判義禁)을 거쳐 평안감사로 나갔으며, 다음 해 2월 문형권점(文衡圈點)에 수위로 추천되어 즉시 양관대제학에 임명되었으나, 중신(重臣)의 요청으로 관

---

2) 민족문화추진회, 1982, 고전국역총서 67 만기요람 1, 만기요람(萬機要覽)의 해제, p.1.

서의 민정이 중대하므로 그대로 기백(箕伯)으로 잉임(仍任)하라는 특명이 내려 그대로 눌러 있다가 다음 해 4월에 규장각제학으로 돌아와서 곧 이조판서로 있다가 형조판서, 병조판서를 지내고 동 13년에 선혜청 제조(宣惠廳提調)가 되었고, 동 6년에는 수원유수로 나갔으며, 그 후 세자좌빈객, 판돈령부사를 지내다가 그해(1818년)에 58세로 생을 마쳤다.[3]

심상규(沈象奎)는 청송 심씨로서 영조 42년(1766년)에 태어났다. 자는 치교(穉敎), 호는 두실(斗室)이라 한다. 아버지 함재(涵齋) 심염조(沈念祖)가 서적을 많이 수집하여 장서 수만 권을 가져서 국내에 유명하였다. 심상규는 소년 때에 제자백가를 모두 섭렵하였다. 정조 7년에 18세의 소년으로 진사시에 올랐고, 동 13년에 알성문과에 급제하여 몇 해를 지나 규장각에 들어갔다. 동 21년에는 왕명을 받아 오륜행실을 편집하여 주자소 활인으로 찍어 반포토록 하였고, 그 후 서영보와 함께 정조어제 홍재전서 초고를 편집, 정리하여 동 23년에 완료하였다. 순조가 즉위한 후 이조참의가 되었으나 채지영(蔡趾永)의 탄핵으로 홍원(洪原)에 귀양 갔다가 1년 만에 돌아와서 다음 해에 승지가 되고 동 3년에 대사간, 4년에 이조참판을 거쳐 5년에는 전라감사가 되었다. 6년에 이조참판으로 돌아왔으며, 동 8년에는 부제학으로 비국유사당상을 겸하였다. 이때 왕명을 받들어 『만기요람』의 편찬을 맡아 서영보와 함께 완성시켰다.[4]

<hr>

3) 민족문화추진회, 1982, 고전국역총서 67 만기요람 1, 만기요람(萬機要覽)의 해제, pp.6-7.
4) 민족문화추진회, 1982, 고전국역총서 67 만기요람 1, 만기요람(萬機要覽)의 해제, p.7.

2) 연구목적과 내용, 방법

『만기요람』의 편찬목적은 군왕으로서 국가통치의 기본 틀을 바르게 인식함으로써, 국정에 소홀함이 없도록, 항시 왕의 좌우에 두고 국정에 참고하도록 하기 위한 것이었다. 즉 『만기요람』은 왕명에 의하여 편찬된 국정운영의 지침서 격(格)으로서 엮어진 책자이다.

본 연구의 대상인 『만기요람』 재용편은 당시 조선후기 국가재정의 이모저모를 일목요연하게 파악할 수 있기 때문에 경세치용과 실사구시적 측면에서 지리 관련 내용들을 추출하여 지리적 관점에서 조명하고 해석해 보는 것은 의미가 있다. 지리내용과 연관된 내용들로서는 때로는 단편적이기도 하나 여러 주제들을 내포하고 있다. 귀금속자원으로서의 금과 은, 금속자원으로 동(銅)과 연(鉛), 농업 지리 관련 내용으로서 연간 곡물 생산의 총량과 전답 및 그에 대한 세수로서의 전세(田稅) 내용, 청나라에 인기가 높았던 인삼, 수리(水利)를 위한 제언(堤堰), 임업지리 내용으로서 나라의 소나무 정책, 상업 지리 내용으로 육의전과 시전을 포함한 여러 가지 장시(場市)의 종류와 북쪽 변방의 국경시장, 교통지리 관련 내용으로서 조창(漕倉)의 기능과 분포 등 다양한 내용들이다.

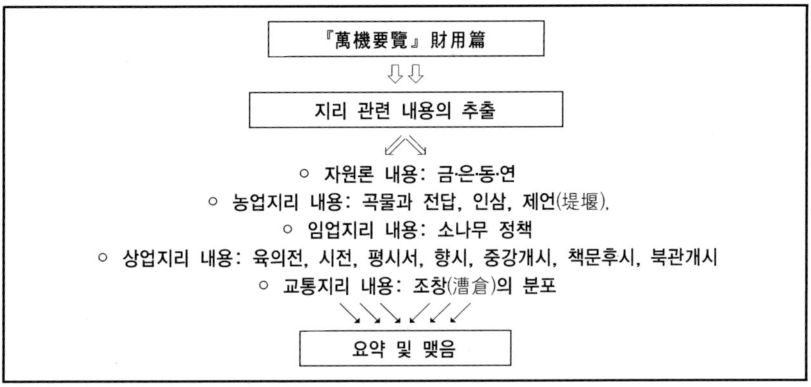

〈그림 1〉 연구의 설계

요컨대, 본 연구에서는 지리적인 내용이 많이 담겨 있는 재용편 6권을 연구대상으로 하여 당시의 전답에 대한 세입과 세출, 전국에서 생산되는 주요 금속자원과 인삼 등 특산품의 대외적 이미지와 지명도, 그 밖에 나라에서 중시했던 국가재정과 관련한 여러 지리적 물산과 통계, 그들의 수요와 공급 방법 등을 살펴보고자 함에 있다.

본 연구의 연구내용 및 방법은 다음과 같다. 첫째, 본 연구는 왕의 국정운영 지침서 격인 『萬機要覽』財用篇을 대상으로 한 문헌 연구이다. 둘째, 『萬機要覽』財用篇을 꼼꼼히 읽어, 지리 관련 내용들만을 일일이 추출해 낸다. 셋째, 추출된 지리 관련 내용들을 자원론, 농업지리, 임업지리, 공업지리, 상업지리 등 현대 지리학의 분류체계에 맞게 재분류, 정리한다. 넷째, 『萬機要覽』財用篇에 담긴 이들 지리 내용들(지식)은 저자 두 사람의 의도와 통치권자인 임금의 시대 상황에 비추어 어떤 의미로 다가갈 지식내용들이며 영향력을 지닌 것인가를 생각해 본다. 다섯째, 주제별로 분류, 정리된 내용들을 바탕으로 해서 그 시대 상황에 왜 이와 같은 지리 지식 또는 관련 사고체계가 필요했는가를 '지리적 관점'에서 해석한다.

여섯째, 이상의 내용들을 바탕으로 『萬機要覽』財用篇에서 담고 있는 '지리 관련 지식과 내용'에 대해 성격과 의미 등을 종합하여 결론을 도출한다.

2. 자원론: 금과 은, 구리와 납

『만기요람』 재용편에 나오는 것처럼 금과 은, 구리, 납과 같은 주요 귀금속 및 금속자원은 우리 일상생활에 영향이 컸던 금속들임을 알 수 있다.

『만기요람』 기록에 의하면 금은 일찍부터 국내에서 채금하는 일이 없고 매번 사행(使行)에 돈을 보내 사 오도록 하였다. 후에 자산(慈山)에 금광이 발견되어 금가루 생긴 모양이 외씨와 같으며, 사람들이 몰래 채취하였다. 숙종 32년(1706)에 호조에서 임금께 보고 올리고 각 관아의 당하관을 보내 자세히 조사하여 확인한 후 이에 대해 세금을 거두었으나 얼마 가지 않아서 폐지되었다. 그 산출량이 미미하여 계속해서 징수 대상으로 삼기에는 부족하였던 점이 있는 것으로 생각된다. 같은 해 송도(松都, 지금의 개성)의 어떤 사람이 강화의 남면(南面)에 금맥이 있다 하여 호조에서 별장을 파견하여 조사하도록 하고, 채취하여 몇 냥을 얻는 데 그친 일도 있다. 금이 난다는 소문이 나면 해당지역에 금점(金店)을 열고 세금 거두는 일이 시작되었다. 정종 4년(1780)에 성천(成川)의 금을 채취하고 갑인년에 수안(遂安)의 금을 채취하였으나 잠깐 하다가 곧 정지되었다. 정조 23년(1799)에는 채금하는 일이 수익성에서 별반 실속이 없을 뿐만 아니라, 백성들에게 번거롭게 하는 일들이 방해만 되므로 금하라는 명령이 있었다. 『만기요람』이 집필될 무렵에 와서는 경기 지방, 호서 지방, 관서와 해서 지방, 관동 지방, 관북 지방 등의 6도에 금맥의 발굴이 점점 성하여져서 도처에서 두루 생산되었다. 그러나 이들 모든 지역에서 몰래 채취하는 것을 금할 수가 없었다. 몇몇 소수의 사람들이 귀금속을 모으고 감추어 모리(牟利)를 취하는 보장(寶藏)들의 몫이 되는 일들이 흔해지면서 골머리를 앓게 되었다. 순조 6년(1806)에는 호조에서 나라에 품지(禀旨)하여 가장 채금이 왕성한 관서 수개의 읍에 시험 삼아 실시하였으나 1년이 못 가서 각 아문에서 문제가 생기고 민폐가 발생하므로, 이에 대신(大臣)들이 나라에 연주(筵奏)함으로써 결국 조정에서는 이를 철폐토록 하고 영구히 개설하지 못하게 하였다. 『만기요람』에 보이는 우리나라의 채금 역사의 성쇠실정이 대개 이러했다.

한편, 금의 분류는 최상을 '10품금'이라 하고 또 '엽자금(葉子金)'이라고도 했다. 제련하였으나 정하게 되지 못한 것을 '괴금(塊金)'이라 하고, 제련하지 아니한 것을 '쇄생금(碎生金)'이라 하였다.5) 오늘날 금(金)의 순도 최상치를 24K로 하여 나누는 분류 방식과는 많이 달랐음을 알 수 있다.

은(銀)에 대해서도 귀하게 여겨, 국외 반출에 엄격하였다. 일찍이 국초에는 은화(銀貨)를 사용하는 것을 금하였기 때문에 역관(譯官)

---

5) 萬機要覽 財用篇 4, 金銀銅鉛(민족문화추진회, 1982, 만기요람 1 재용편, pp.363-364).

이 연경(燕京)에 갔다가 사사로이 가지고 강을 건너면 그 죄가 사형에 이르렀다. 임진왜란 때에 중국에서 은(銀)을 들여올 수 있게 되었고, 우리나라에서 군량을 마련하고 군상(軍賞)을 수여할 때에도 모두 은을 사용하게 됨으로써 은화(銀貨)를 비로소 통용하기 시작하였다.

선조 때에 나라에서 사용하는 은(銀)이 바닥날 즈음, 어사(御使)를 단천에 특별히 보내어 은(銀)을 채취하여 보충하도록 하였다. 나아가 해당 지역에 대해서는 토지의 공납과 민역(民役)을 면제시켜 줌으로써 지속적으로 은(銀)을 공납하도록 유도하였다. 효종 2년(1651)에 호조에서 조정의 명을 받아 민간인들에게 은을 채취하도록 하되, 관(官)에서 파주, 교하, 곡산, 춘천, 공주 등지에 은점(銀店)을 설치하고 사람을 모집하여 채취(採取)하도록 하였으며 그에 합당하게 채은(採銀)량에 비례하여 세금을 내도록 하였다.6) 숙종 정묘년에 호조(戶曹)로 하여금 은점(銀店)을 전담 관할하도록 하고 별장을 파견하여 검사하도록 하였으며 세금을 거두어들이게 하였다. 이때부터 은점(銀店)이 여러 도(道)에 두루 설치되어 전(임진왜란)후에 설치한 것을 합하면 68개 읍에 이르렀다. 이후로 계속되는 채취로 은맥이 점차 약해짐에 따라 세금의 징수가 한결같지 않았다. 따라서 은점(銀店)의 존립과 철폐가 무상하므로 영종 을미년에 호조에서 나라에 품하고 명을 받아 남아 있는 은점(銀店)들을 관에 부속시키는 한편 세액을 정하여 상납도록 하였다. 그렇게 하던 과정에서도 여러 도(道)에서 사정이 각기 다른 은점(銀店)들의 의외의

---

6) 여기서 은점(銀店)이란 채광하여 얻은 은 원료로부터 제련하여 은을 만들어 내는 일종의 수공업적 은제련소를 일컫는다. 그 규모와 취급량에 따라 세금액을 달리했다.

사고가 연속적으로 보고되므로 이들을 더욱 축소하거나 철폐시키고 소수의 은점(銀店)들만을 남겨 놓게 되었다. 『만기요람』이 집필될 무렵에 이르러는 은맥의 쇠잔함이 과거에 비교해서 더욱 심해졌고, 세금 납부의 부담, 은점의 관리 등을 포함해서 일반인들의 고충이 더욱 심해지는 가운데 이러한 폐단의 양상이 다단(多端)함으로 정종 무오년에 이르러서는 은점(銀店) 신설을 금지하였다.

은의 분류는 호조(戶曹)에서 직접 관여하였으며, 그 기준은 네 가지가 있었다.[7] 천은(天銀), 지은(地銀), 현은(玄銀), 황은(黃銀)이 그것이다. 천은(天銀)은 임금께서 사용하는 그릇을 만들 때 쓰이고, 지은(地銀)은 임금의 명령을 따라 중요한 일의 예단용으로 사용하는 것이며, 현은(玄銀)과 황은(黃銀)은 제반 경용(經用)에 사용함으로써 각기 그 용처를 달리했다. 1년에 총수요량을 기준으로, 공급량이 소비량을 당할 수 없게 되어, 천은(天銀)과 지은(地銀)은 특별한 가격을 주고 마련하였다. 즉 백목전(白木廛, 일명 면포전) 장시(場市)를 열어 마련한 돈으로 양질의 은(銀)을 사서 제련하도록 하여 용처에 제때에 닿을 수 있도록 조처하였다.[8]

한편, 동(銅)과 연(鉛)에 대해서도 관심을 기울여 『만기요람』에서는 중요한 금속으로 취급한 것을 알 수 있다. 기록에 의하면 당시 우리나라에서도 구리는 산출되었지만, 그 제련하는 방법을 몰라서 공사(公私)를 막론하고 소비되는 양의 대부분을 순전히 왜동(倭銅)에 의존하였다. 구리의 생산은 영조 신유년에 비로소 수안(遂安)과 영월의 동을 채취하고, 그 뒤에 보은과 안변의 동을 채취하였으나,

---

7) 호조(戶曹)에서 직접 분류하였으므로 호조은(戶曹銀)의 네 가지 분류라고 하였다.

8) 萬機要覽 財用篇 4, 金銀銅鉛(민족문화추진회, 1982, 만기요람 1 재용편, pp.364-366).

제련한 동(銅)의 품질이 왜동(倭銅)에 미치지 못하였으므로 널리 사용되지 못하였다.

정조 을사년에 호조(戶曹)에서 주전(鑄錢)할 때에 안변의 영풍동(永豐銅)을 섞어 써서 이 뒤부터는 구리 동전을 만들 때에는 영풍의 동(銅)을 늘 섞어서 사용하게 되었다.[9]

연(鉛)은 본래 은점(銀店)에서 제련 시에 분류하여 함께 나오는 것이므로 숙종 12년(1687)에 호조(戶曹)로 하여금 은점(銀店)을 전담하여 관리하도록 하되, 은(銀)은 호조에 상납하고, 연(鉛)은 그 세수(稅收)되는 액수를 계산하여 각 군문(軍門)에 나누어 보내도록 하였다.[10]

3. 농업지리 : 곡물과 전답, 인삼(人蔘), 제언(堤堰)

곡총(穀總)이란 한 해 동안 국고에 거두어들이는 곡식의 총수량을 말한다. 당시 조선왕조 국고 수입의 총액에 해당한다고 할 수 있다. 하지만 이 곡총은 농산물의 풍흉에 따라서 그 수량도 일정하지 않았다(延正悅, 1998, p.9). 나라 전체 팔도(八道)와 사도(四都)에 분포하는 밭(旱田)과 논(水田)에 대한 현황 통계를 『만기요람』에서 볼 수 있다. 이들 논과 밭의 면적과 비율을 계산하면 각 지역별 생산성을 간접적으로 살필 수 있는 자료로서 지리적인 가치가 있다.

---

9) 萬機要覽 財用篇 4, 金銀銅鉛(민족문화추진회, 1982, 만기요람 1 재용편, pp.367).
10) 萬機要覽 財用篇 4, 金銀銅鉛(민족문화추진회, 1982, 만기요람 1 재용편, pp.366).

1) 국고(國庫)의 곡총(穀總)

　19세기 초 조선왕조 후기 곡총(穀總)은 쌀을 비롯한 모든 잡곡들을 아울러서 9,995,599석으로 총계를 잡고 있다.[11] 약 1천만 석에 이르는 전국의 곡물 총량이다. 조정에서는 국고의 수입을 늘리기 위한 방법으로서, 각 도별로 매년 전답으로 사용하는 땅을 일일이 해당 읍과 면에 등록하도록 하여 호조(戶曹)에 보고하면 조세의 반감 혜택을 주도록 규정하기도 하였다.[12]

　조선왕조의 국가경제는 농산물의 풍흉에 따라서 결정되는 사회였다. 따라서 매해 들쭉날쭉한 농산물의 작황은 국가 경제 및 서민 생활을 위협할 수 있다. 그러므로 조정에서는 해마다 농산물의 소출량이 달라 백성들이 고생할 수 있으므로 그들의 생활 안정을 위해 환총(環摠)의 제도를 두었다. 중앙관사에는 대창(大倉), 지방관아에는 소창(小倉)을 각각 설치하고, 이 대창과 소창을 근간으로 해서 각 고을별로 미곡 및 잡곡을 보관하였다가 춘궁기에 주민들에게 곡식을 꾸어 주었으며 그해 가을 추수기에 받아들여 주민들의 생활에 불편함이 없도록 하였다. 만에 하나 각사(各司) 창고의 미곡과 같은 관곡을 사사롭게 반출하거나 횡령하여 그 불법행위가 적발되면 지위고하를 막론하고 엄하게 다스려 무기정배에 처하였다(延正悅, 1998, p.9).

　매년 초에 호조의 낭관(郞官)은 감찰과 함께 각사(各司) 창고의 재고를 조사하여 왕에게 그 상황을 아뢰도록 하였다(延正悅, 1998,

---

11) 純祖 7년(1807)의 기록을 기준으로 한 통계치이다.

12) 續大典 戶曹 收稅條.

p.9). 경외(京外)의 전곡(錢穀) 회계문서는 한양의 각 관사(官司)에 춘, 하, 추, 동 4계절 첫 달인 음력 1월, 4월, 7월, 10월 네 차례에 걸쳐 정기적으로 보고하도록 하였다. 지방에서는 매년 음력 2월 15일에 작성하여 보고하도록 규정하고 있다. 조정에서는 풍년이 들었을 때 백성들로부터 비싼 값에 미곡 따위를 사들여서 보관해 두었다가 흉년이 들면 싼 값에 백성들에게 나누어 줌으로써 주민들의 생활에 전혀 불편함이 없도록 하였는데(延正悅, 1998, p.9), 이러한 제도의 원리는 우리나라 현대 사회에서도 70년대까지 시행했던 고미가(高米價) 정책과도 일맥상통하는 바가 있다.

2) 전국의 전답(田畓)

19세기 초의 전국 팔도(八道)와 사도(四都)의 원장부(元帳簿) 전답(1807년, 순조 연간) 기록에 의하면, 밭이 전체 경지의 63.7%로 논보다 많았다. 논과 밭을 합한 경지면적이 가장 많았던 곳은 호남 지방(23.3%)이며, 이곳은 논이 전체 경지의 53.7%를 차지하여 전국적으로 논 면적이 밭 면적을 능가하는 유일한 지방인 동시에 논밭을 합한 경지면적이 전국에서 최대인 곳이기도 하다. 당시 전국의 8도(道) 4도(都) 가운데 논이 밭보다 많은 곳으로는 호남 지방뿐인 셈이다. 곡창지대로서의 호남 지방이 평야가 넓고 논이 많은 전통은 일찍이 과거부터 인식된 일임을 알 수 있다. 국가 전체의 밭면적 927,602결 가운데 영남 지방이 20% 이상을 차지하여 수위를 차지하고 호서(17.4%)와 호남(17.0%) 지방이 다음을 잇는다.

〈표 1〉 지역별 밭(旱田)과 논(水田)의 분포(단위: 결/비율, %)

분류 지역	밭(旱田)	논(水田)	계
경기(京畿)	52,414(5.7%)	32,553(6.2%)	84,967(5.8%)
호서(湖西)	161,243(17.4%)	95,285(18.0%)	256,528(17.6%)
호남(湖南)	157,394(17.0%)	182,709(34.5%)	340,103(23.3%)
영남(嶺南)	191,013(20.6%)	146,115(27.6%)	337,128(23.1%)
해서(海西)	106,580(11.5%)	25,631(4.8%)	132,211(9.1%)
관동(關東)	33,435(3.6%)	7,716(1.5%)	41,151(2.9%)
관서(關西)	98,923(10.7%)	20,712(3.9%)	119,635(8.2%)
관북(關北)	110,276(11.9%)	7,470(1.4%)	117,746(8.1%)
수원부(水原府)	6,426(0.7%)	5,395(1.0%)	11,821(0.8%)
광주부(廣州府)	4,109(0.4%)	1,749(0.3%)	5,858(0.4%)
개성부(開城府)	2,724(0.3%)	1,289(0.2%)	4,013(0.3%)
강화부(江華府)	2,605(0.3%)	2,366(0.5%)	4,431(0.4%)
계	927,602(100.0%)	528,990(100.0%)	1,456,592(100.0%)

주) 萬機要覽 財用篇 2 田結. 八道四都元帳簿田畓. 필자 재구성.

관북(11.9%), 해서(11.5%), 관서(10.7%) 등의 지방은 차례로 밭 면적 비율 10%를 상회하면서 뒤를 잇는다. 그러나 오늘날의 강원도에 해당하는 관동 지방은 밭 면적이 전국 대비 3.6% 정도에 머물렀다. 관북과 관동 지방 등은 교통의 발달이 미진했던 당시에 경지 개발 및 이용 측면에서도 매우 뒤졌음을 알 수 있다.

위에서 언급했듯이 논이 가장 많은 곳은 호남 지방이다. 전국의 전체 논 면적 528,990결에서 34.5%를 차지하는 전국 최대의 논 경지를 가진 지역이다. 그다음 순으로 영남(27.6%)과 호서(18.0%) 지방이다. 이들 호남, 영남, 호서 지방을 제외하면 지방별 논의 소유 면적 비율은 괄목할 만한 곳이 없는 셈이다. 전국의 논과 밭을 모두 합한 1,456,592결에서 논의 비율은 36.3%에 불과하여 밭에 비해 열세한 편이다. 19세기 초만 하더라도 경지를 개량하여 논으로 삶아 내는 기술이 오늘날과 같지 않았을 것으로 여겨진다.

논과 밭을 합한 총경지면적비로 보면, 호남(23.3%), 영남(23.1%), 호서(17.6%) 지방 등이 상위권 지역들이다. 결국, 당시에 밭 면적이 넓은 지방은 영남, 호서, 호남이고, 논 면적이 넓은 지방도 호남, 영남, 호서이며 논과 밭을 합한 순위는 논 면적 순위와 같다. 논과 밭의 면적에서 그 순위의 순서만 다를 뿐, 19세기 초 조선왕조의 전국 경작지 면적비로 볼 때 이들 호남, 영남, 호서의 세 지방이 우리나라 농업경제의 주도적인 역할을 담당했던 지역들임을 알 수 있다.

3) 풍흉에 따른 전세(田稅)

전세(田稅)의 수세(收稅)는 당시 각 지방 별 농작물 생산성의 간접적인 지표가 될 수 있다. 아울러 징수하는 과정에서의 육운, 조운의 활발함과 편리성은 당시의 지리적 접근성과 소통의 정도를 말해 주는 지표가 될 수 있다.

농작물의 풍흉에 따라 매년 정하는 전세(田稅)의 비율을 연분(年分)이라 한다. 연분하는 기초로서 농작물의 수확에 영향을 미치는 재해를 크게 두 가지로 나누어 등급을 정하였는데, 영재(永災)와[13] 당년재(當年災)가 그것이다. 영재(永災)에 속하는 예는 천(川)변 전답이 유실되는 경우를 들 수 있다. 당년재(當年災)에는 그해 농사

---

13) 영재(永災)란 영구히 재결(災結)로 처리되는 것이며, 재해로 인하여 전지(田地)가 아주 못쓰게 된 경우에 영원히 세금을 면제해 주는 것을 말함(한국고전용어사전, 사단법인 세종대왕기념사업회, p.1241).

가 시작되는 시점에서 처음부터 파종하지 못한 것, 이앙(移秧)하지 못한 것, 이앙의 때를 잃은 것, 전혀 낫을 대지 못한 것, 이삭이 패지 못한 것, 병충해로 산출량이 감손된 것, 말라서 산출량이 감손된 것, 서리의 재해를 입은 것, 우박의 재해를 입은 것, 해일의 피해나 물에 잠겨 피해를 입은 것 등이다. 결국, 영재(永災)란 복구가 힘들어 세금징수의 원천이 될 수 없을 정도의 재해를 말하는 것인데 반해 당년재(當年災)란 세금 징수 대상이 되는 기초로서의 토지는 이상이 없지만, 연중 절기에 따른 영농 시점을 놓치거나 각종 기상재해를 입어 손해를 보게 됨으로써 감세의 원인을 제공하는 재해라고 할 수 있다.

연분사목(年分事目)을[14] 지시받고, 각 읍의 수령이 몸소 일차로 현장 들판에 나아가 조사하여 도(道)의 감사에게 보고하면, 감사는 다시 보고 자료를 검토하여 도내(道內)의 각 읍을 나누어 조사하도록 지시를 내려, 곡식이 일차로 조금 먼저 익은 것을 '초실(稍實)'로 잡고,[15] 농작물 경작에 재해를 당해 손실된 것은 '우심(尤甚)'으로 잡았으며, 중간 수준은 '지차(之次)'로 하여 읍에서 보고한 재결(災結)을 모두 모아 연분(年分) 급을 정한 것들과 비교한 뒤에 읍을 배정하여 양급(量給)하고 연분의 성책(成冊)을 마감하여 호조(戶曹)에 보고하도록 하였다.

---

14) 연분사목(年分事目)이란 연분(年分)에 대한 규정을 뜻한다.

15) '초실(稍實)'이란 '조금 익은 것'의 급을 말한다(민족문화추진회, 1982, 만기요람 1 재용편, p.149의 주 재인용).

4) 연행사신(燕行使臣)과 인삼(人蔘)

연행사신이란 청나라에 파견하는 사절단을 이르는 말이다. 당시 조선의 조정에서는 청나라 조정에 매년 원단사(元旦使), 성절사(聖節使), 천추사(千秋使), 동지사(冬至使) 등 네 차례에 걸쳐 정기적으로 사절단을 파견하였다.[16]

사절단의 파견은 정사(正使), 부사(副使), 서장관(書狀官) 각 1인과 그 수행원 30명 그 밖에 군관과 직계가 낮은 하급관리들이 따라간다. 이들 외교사절단은 외교사절로서뿐만 아니라 조공무역(朝貢貿易)인 공무역(公貿易)을 행하게 되며, 이 사절단을 따라가 사무역(私貿易)을 행할 사무역 업자(私貿易業者)들이 따르게 된다(延正悅, 1996, pp.474-475). 이들은 조정으로부터 허가를 얻은 자들로서 수입품은 조정과 조정 대신들에게 제공되며 육의전(六矣廛)을 통해 일반 민간인들에게도 거래하게 된다(黃大錫·延正悅 1978, 經營史: 韓國經營史槪說, 서울: 세영사, p.58).

사절단 일행들은 당시 지정 통화인 은(銀) 대신 삼(蔘)을 소지하여 가지고 가서 그것으로 노자(路資)에 충당하기도 하였다. 이처럼 사절단 일행들에게 지정통화인 은(銀)의 지참을 금한 것은 당시 은(銀)의 생산량이 적었던 조선(朝鮮)의 조정(朝廷)에서 충분하지 않은 국고(國庫)의 해외 반출을 막기 위한 조치였다고 할 수 있다. 한편, 은(銀) 대신에 삼(蔘)을 소지해 가지고 가서 그를 팔아 노자(路

---

16) 원단사(元旦使)는 청나라에 대해 새해 인사를 위한 사절단이며, 성절사(聖節使)는 청나라 황제의 탄일에 보내는 사절단이다. 천추사(千秋使)는 청나라 황후 탄일에 인사차 파견하는 사절단이다. 동지사(冬至使)는 한 해를 마감하는 인사를 하기 위해 파견하는 사절단이다(延正悅, 1998, 萬機要覽에 관한 一研究, p.11 재인용).

資) 돈으로 사용하도록 한 것을 미루어 보면, 당시 청나라에서는 고관대작이나 상인, 또는 일반 사람들조차도 당시 조선에서 생산한 삼(蔘)을 매우 귀한 귀중품으로 여기고 있었음을 알 수 있다(延正悅 1998, p.11). 오늘날에도 많은 외국인들에게 한국의 인삼이 '고려 인삼'으로서 인기를 누리며 유명세를 타고 있음을 볼 때 그 이름값의 역사는 고금을 통해 매우 오래전부터 얻어진 것임을 짐작할 수 있다.[17]

청나라 초기에는 조선의 사절단 일행 한 사람당 인삼 소지한 양을 제한하도록 규정하고 있었으나, 점차 청나라의 수도 연경(燕京)에서 사절단원 일행들의 쓰임새가 커짐에 따라 인삼의 보유량이 늘어나게 되었다. 무작정 보유량이 늘어나는 것을 방치할 수는 없는 일이었으므로 나중에는 일인당 10근 8포씩 가지고 나갈 수 있도록 상한선을 정해 허락하게 되었다. 이로 인해서 생겨난 말이, 연행사신들이 일인당 삼(蔘) 10근 8포씩을 보유하고 나갈 수 있다고 하여 '연행8포(燕行八包)'라고 하였다.[18]

하지만 그러한 조치가 있음에도 막론하고 청나라의 연경에 파견되어 가는 사절단 일행 가운데에는 '연행팔포'의 인삼 보유량을 넘어서서 법정한도를 위반하고, 인삼을 별도로 은닉하여 가지고 나가

---

[17] 인삼은 우리나라의 대표적인 신령스러운 약초이다. 중국에서도 인삼이 나지만 품질은 우리 것을 따르지 못한다. 이미 삼국시대부터 인삼에 대한 기록이 있고 그 재배가 고구려 지역을 중심으로 광범위했던 것으로 보이며 한국의 고시가에 다음과 같은 인삼노래가 있다. "세 갈래 가지마다/ 잎은 다섯 개씩/ 양지를 등지고/ 응달에서 자라네/ 나를 얻자고/ 오는 사람은/ 자작나무 밑에서/ 찾아보시라(三椏五葉 背陽向陰 欲來求我 椵樹相尋)" 박지원은 『열하일기』에서 이 노래가 고구려 때 불렸으며 중국에 널리 유포되었다고 말한다. 자작나무(椵樹)가 잎이 넓고 그늘이 짙은 특성을 가지며 그 밑에서 잘 자란다는 사실까지 고증하여 신빙성을 더하고 있다(고운기 엮음, 1998, 새로 읽는 한국고시가, 드림북스: 서울, p.130).

[18] 萬機要覽 財用篇 5, 燕行八包(민족문화추진회, 1982, 만기요람 1 재용편, p.555).

는 자들이 있었다. 이처럼 삼을 은닉하여 출국하다가 적발되는 경우에는 지위의 고하를 막론하고 그 책임을 물어 엄벌하였다(延正悅, 1998, p.11).

사신들의 행차에서 돌아와 밀수(密輸) 금물(禁物)의 사적재물(私的財物)로서 잠상행위(潛商行爲)가 적발되면 이에 관련된 자들은 모두 정배(定配) 조치하였다(續大典 刑典 禁制條). 그리고 이와 같은 밀수 금물의 반입을 사전에 막지 못한 국경의 관문책임을 진 의주부윤(義州府尹)에게 책임을 물어 파직시켰다(續大典 刑典 禁制條).

5) 수리(水利)를 위한 제언(堤堰)

수리(水利)는 농업의 성취에 가장 관계 깊은 일이다. 그리고 수리를 잘하기 위해서 쌓는 것이 곧 제언(堤堰)이다. 물길을 끌어들이고 둑을 쌓아 새지 않도록 하며 적정 시기에 농토에 물을 대어 농작물이 잘 성장하도록 하는 것은 농사 성공 여부의 관건이다. 수리사업을 잘한다는 것은 곧 농업경제의 성패를 좌우하는 일이며, 결과적으로 농산물의 생산과 그에서 얻어지는 이익창출에 매우 큰 영향을 미치는 절대적 요소가 된다.『만기요람』 재용편에서 이러한 수리사업의 긴요함을 언급하였다. 당시의 정부당국에서 특별히 중앙에 제언사(堤堰司)를 설치하고 각 도(道)의 제언을 관리하게 하여, 물길을 트고 둑을 쌓는 일에 조금도 흐트러짐이 없도록 관리하였다(延正悅, 1998, p.14).『만기요람』 재용편에 의하면, 중간에 그 관제를 파하였다가, 현종 3년(1662)에 예조참판 조복양(趙復陽)이

건의하여 다시 설치하고, 삼공(三公)과 호조판서, 진휼청 당상으로 하여금 제거(制擧, 提調)를 겸직하도록 하였다. 영조 6년에 비국(備局)에 예속시키고, 8도(道)와 3도(都: 광주, 수원, 강화) 및 개성부(開城府)에서는 매년 그 관내 지방의 둑(堤), 보(洑), 동(垌)의 크기(가로 및 세로 또는 동서남북의 넓이) 등 이름과 내용들을 적어 보고하고, 그것을 표시한 지역의 범위 안에서 몰래 농사짓는 것을 엄격히 금지하였으며 이를 범하는 자는 장(杖) 80으로 죄를 다스리고, 불법하게 얻어진 이득은 관에서 몰수하도록 하였다.[19] 봄과 가을에 때를 정하여 제언을 수축하되, 비록 폐언(廢堰)이라도 특별한 지시가 따르지 않은 경우에 개간을 허락하지 않았다. 당시 이름이 알려진 제언에는 홍주(洪州)의 합덕제(合德堤), 함창(咸昌)의 공검지(恭儉池), 김제(金堤)의 벽골제(碧骨堤), 연안(延安)의 남대지(南大池) 등이 있었다.[20]

당시 각 도의 둑[堰]과 보(洑)를 보면, 경상도에 둑이 1,765개 있었고 그중 폐지된 것이 당시 기준 99처이며, 보(洑)가 1,339처로서 타 지역에 비해 그 숫자가 많았다.[21]

---

19) 萬機要覽 財用篇 5, 堤堰(민족문화추진회, 1982, 만기요람 1 재용편, p.501).

20) 萬機要覽 財用篇 5, 堤堰(민족문화추진회, 1982, 만기요람 1 재용편, p.502).

21) 수원(水原)에 둑 24처(폐지된 곳 7처), 광주(廣州)는 둑 13처(그중 폐지된 곳 3처), 강화에는 둑 32처, 경기도는 둑 245처(그중 폐지된 곳 9처), 전라도 둑 936처(폐지 24처)에 보(洑)는 164처, 충청도(공충도)에 둑 535처(폐지 17처)에 보 497처, 평안도 둑 5처에 보 109처, 황해도 둑 45처(폐지 6처)에 보 71처, 함경도에는 둑 24처(폐지 3처)에 보 24처, 강원도는 둑 71처에 보 61처(민족문화추진회, 1982, 만기요람 1 재용편 5, p.503).

4. 임업지리 : 국가정책으로서의 소나무 관리

국토 곳곳에 자라고 있는 소나무들에 대한 관리 정책은 당시 나라에서 소나무 재목의 쓰임에 비추어 대단히 중시되었음을 알 수 있다. 그렇기 때문에 소나무가 자라는 산에는 일반인들의 출입을 엄격하게 금하는 봉산(封山) 정책을 시행하였다. 나라의 궁궐을 축성할 때의 재목으로부터 아래로는 전함(戰艦)과 조선(漕船)의 선박재로 쓰이는 수요에 이르기까지 필요한 곳에 쓰일 재목으로 사용하려면 반드시 충분히 자라서 성목이 되도록 길러야 했다. 이런 까닭에 봉산(封山) 정책을 확실히 하여 식목(植木)을 권장하고 벌목(伐木)을 금하며, 일일이 송정(松政)에 관한 시행과 방법 내용을 대전(大典)에 명확히 기재하고 사목(事目)을 만들도록 한 것이다. 삼남과 경기, 관서를 제외한 동, 북, 해서 등 6도는 봉산(封山), 황장(黃腸) 봉산, 송전(松田)을 물론하고 대개 소나무를 심는 데 적당한 곳은 모두 그 수효를 헤아려 파악하여 적도록 하였으며, 출입을 통제하고 소나무들을 기르는 방법과 절차에도 일일이 법도를 두었다.

숙종 10년(1684)에 이러한 기르는 방법과 절차에 관한 절목(규정)을 특별히 만들어서 여러 도(道)에 반포 공시하고 정조 12년(1788)에 고쳐 만들어서 반포 시행토록 한 바 있다.

『만기요람』 재용편의 송정(松政) 내용을 바탕으로 작성한 <표 2>에 의하면 봉산(封山)이 가장 많은 곳은 삼남 지방과 경기, 관서를 제외한 전국 6도 325처 중 전라도 지방이 142처로 가장 많고, 황장(黃腸) 봉산은 6도 60처 가운데 강원도 지방이 가장 많아 43

처, 송전(松田)은 6도 293처 가운데 경상도 지방이 가장 많아 264
처이다. 봉산(封山) 정책이 시행되지 않은 곳은 6도 가운데 가장
북쪽의 함경도 지방뿐이다. 박봉우는 『속대전(續大典)』, 『만기요람
(萬機要覽)』, 『대동지지(大東地誌)』에 나타난 전국의 봉산을 일람
표로 작성하였는데, 분석결과 황장봉산은 강원도가 전국의 2/3 이
상을 차지하는 것으로 나타났고, 강원도를 제외하고는 경상도와 전
라도에 봉산이 있는 것으로 나타났다.[22]

〈표 2〉 각 도(道)의 봉산(封山), 황장(黃腸), 송전(松田) 분포

지역 \ 분류	봉산(封山)	황장(黃腸)	송전(松田)
충청도	73처	-	-
전라도	142처	3처	-
경상도	65처	14처	264처
황해도	2처	-	-
강원도	43처	43처	-
함경도	-	-	29처
계 6도	325처	60처	293처

주) 국역 만기요람(민족문화추친회, 1982, p.499.), 필자 재구성.
　강원도의 봉산(封山) 43처는 모두 황장목(黃腸木)의 봉산임을 의미한다.

　여기서 황장(黃腸) 봉산(封山)이란 토종 소나무의 일종으로서 속
의 심재 부분이 누런 황색을 띠는 소나무에 대한 봉산정책을 말한
다. 특별히 이러한 황장목은 재질이 강하고 곧게 자라며 키도 커서
재목으로서의 가치가 탁월한 소나무였다. 이러한 황장목 토종 소나

---

22) 辛鍾遠, 1995, 강원도의 禁標 封標, 博物館誌(江原大學校博物館), 第2號, p.55에서 재
　　인용(『속대전(續大典)』(1786)의 분석결과는 전국 32곳 중 강원도가 22곳, 『만기요람(萬機
　　要覽)』(1808)의 경우는 43곳, 『대동지지(大東地誌)』(1864)는 전국 41곳 중 강원도 32곳
　　으로 각각 집계되었다.).

무에 대해 일명 '춘양목' 또는 '금강송'이라고도 한다(손용택, 2005,
p.449). 이러한 황장목 소나무는 강원도 일대와 경상도 내륙의 산
간에서 잘 자랐다.[23] '춘양목'이란 경상북도 봉화군 춘양면과 소천
면 일대에서 집산 반출되던 황장목이었기에 붙여진 이름이다.[24] 재
목의 가치가 출중한 황장목의 생산지로는 당시에 강원도와 경상도
지방이었음을 『만기요람』의 기록을 통해서도 알 수 있지만, 이러한
전통의 맥을 오늘날에도 이으려 하고 있으며, 특히 봉화군 일대에
서는 춘양목, 즉 황장목을 되살려 내고 전통을 잇고자 많은 노력을
기울이고 있다(손용택, 1995, pp.453-457).

한편, 『만기요람』에 저명한 송산(松山)으로는 호서(충청)의 안면
도가 있고, 호남에는 변산, 완도, 고돌산, 팔영산, 금오도, 절이도(折
爾島)가 있으며, 영남의 남해, 거제가 있다. 해서의 순위(巡威), 장
산(長山), 관동의 태백산, 오대산, 설악산이 있고, 관북의 칠보산이
유명하다. 이들 지역들은 소나무가 많은 곳으로 일찍이 유명해진
곳들이지만 점차 소나무가 많이 사라져 전과 같지 못하며, 각처의
소나무가 잘되는 산으로 일컫는 곳까지도 간간히 소수 그루의 나
무들도 보기 힘들어지고 있는 형편이다. 장흥의 천관산(天冠山)은
곧 원나라의 세조(世祖)가 왜(倭)를 칠 때에 배를 만들던 곳인데,
지금은 그와 같은 역사의 흔적을 찾아보기 힘들 정도로 소나무들

---

23) 강원도의 황장봉산(黃腸封山) 43처: 금성(金城 4), 양구(3), 인제(3), 횡성(1), 영월(1), 평창
(1), 이천(1), 원주(3), 홍천(2), 강릉(3), 고성(1), 양양(2), 정선(1), 회양(淮陽 1), 삼척(6), 낭
천(2), 통천(1), 평강(4), 울진(3)(萬機要覽 財用篇 5, 松政)

24) 봉화군 일대에서는 과거에 소나무 경기가 한창 좋을 때에 철도가 신속히 지나는 지름길을 버
리고 '춘양읍' 일대를 돌아가도록 철도를 놓아 이 춘양목을 실어 냈으므로 '억지 춘양'의 어
원이 되었다고도 한다(辛鍾遠, 1995, 강원도의 禁標·封標, 博物館誌(江原大學校博物館)
第2號, p.52; 손용택, 2005, 삼림자원의 시장화 성쇠, 봉화군 춘양목을 사례로, 한국경제지
리학회지, 2005, 제8권 제3호, p.448에서 재인용).

을 쉽게 볼 수 없게 되었다.『만기요람』재용편 송정(松政) 내용에 보면, "대체로 소나무는 백년을 기른 것이 아니면 동량(棟梁)이 될 수 없는데, 도벌하는 자가 한칼에 다 없애서 한 번 도벌한 뒤에는 다시 계속할 수 없게 되니, 기르기 어려운 것과 취하기 쉬운 것이 너무 대조적이다. 재목의 쓰임이 날로 궤갈(匱竭)하여 수십 년을 지나면 궁실, 전함, 조선(漕船)의 재목을 취할 곳이 없으므로 식자 는 이를 근심한다."고 적고 있다. 이러한 걱정은 지금 시점에서 돌 이켜 생각해 보더라도 결코 지나침이 없어 만세지탄의 감이 있다.

5. 상업지리 : 다양한 장시(場市)의 개설

『만기요람』재용편에는 당시 각종 장시(場市)에 대한 내용도 다 루고 있어서, 그 기능과 중요성을 알 수 있다. 육의전(六矣廛)과 난 전(亂廛) 및 이들 장시의 질서를 잡는 평시서(平市署), 국경지대에 연중 2회 또는 격년으로 개설되었던 중강개시(中江開市)와 북관개 시(北關開市) 등 여러 장시(場市)의 내용을 담고 있다.

1) 육의전(六矣廛)과 난전(亂廛), 평시서(平市署)

임금이 거처하는 왕도(王都)의 제도는 왼쪽에 종묘를, 오른쪽에 사직을 두어 좌묘우사(左廟右社)를 갖추고, 앞쪽에는 궁궐(조정)을 두고, 뒤쪽에 시장(시전)의 자리를 앉혔는데, 이른바 전조후시(前朝後市)가 이것이다. 시전은 일반인들에게도 중요할 뿐만 아니라 공가(公家)의 수요에도 필요 물품을 조달해 주는 근본이 되는 기능을 가지고 있으므로 나라를 다스리는 조정(朝廷)의 입장에서 중히 여기는 기능이었다.

육의전(六矣廛)이란 당시 서울인 한성부(漢城府)에 설치한 여섯 가지 전문 물품을 취급하는 시전(市廛)을 말한다. 한성부 성내에 앉아서 상행위를 하는 각전(各廛)은 조정(朝廷)과 관사(官司)의 물품 조달과 서민들의 생필품 조달의 역할을 한다. 육의전은 일찍이 태종(太宗) 때 행랑(行廊)[25] 건축과 함께 그 정비를 시행한 바 있었다. 큰 시전이 여섯 개가 있었는데, 선전(線廛), 면포전(綿布廛), 면주전(綿紬廛), 지전(紙廛), 저포전(苧布廛), 내외어물전(內外魚物廛) 등이 있었다.[26] 이들 육의전의 상인들은 조정으로부터 허가를 받아서 상행위를 하며, 시전 세(市廛稅)는 상행위를 위해 벌여 놓은 행랑의 칸 수(間數)를 기준으로 부과하였다.

여러 가지 시전(市廛)은 그 역할이 분담되어 정해져 있고, 도회지 주민들의 생업과도 직결되어 있으므로 각 전(廛)의 물품들은 시전 상인들이 아니고서는 사사로이 매매할 수 없도록 하였는데, 이

---

25) 조선왕조 제3대 태종 때 서울 큰 거리 양쪽에 세운 상점가(延正悅, 1998, 萬機要覽에 관한 一研究, p.10 각주 재인용).

26) 선전(縇廛)－비단을 파는 시전(市廛), 면포전(綿布廛)－무명을 파는 시전, 면주전(綿紬廛)－ 명주를 파는 시전, 지전(紙廛)－종이를 파는 시전, 저포전(苧布廛)－모시포(苧布)만을 파는 시전이다. 베를 주로 파는 포전(布廛)이 별도로 있었으나 합해졌다. 내외어물전(內外魚物廛) －내어물전은 종로에 자리 잡고 있는 어물전이고, 외어물전은 서소문 밖에 모여 있는 어물을 파는 전이었으나 두 전은 순조 원년에 합하였다. 이 밖에도 우리나라, 중국 및 외국의 화포(花布)와 청포(靑布) 및 홍포(紅布) 등과 전(氈), 담욕(毯褥), 담모자(毯帽子) 등을 전문으로 파는 청포전(靑布廛)이 있었으나 내어물전과 아울러 주비가 되었다가 정조 18년에 주비전의 자격을 잃었다(민족문화추진회, 1982, 국역 만기요람 1 재용편, pp.491－492의 주해 인용).

를 어기는 자는 법사(法司)에서 잡아들이도록 하였다. 이와 같이 난전(亂廛)이란 조선시대 전안(廛案)에 등록되어 있지 않거나 허가된 상품 이외의 것을 몰래 파는 가게를 일컬었다.[27]

조정에서는 상인들이 각전(各廛)이나 장시(場市)와 향시(鄕市)[28]에서 물품을 거래하는 데 있어 도량형을 속여 소비자들에게 불이익을 주고 부당이득을 취하는 불법행위를 단속하기 위한 전문 관사(官司)를 두었는데, 이를 평시서(平市署)라 하였다. 평시서는 태조 6년에 창설하여 경시서(京市署)라 명명하였다가 세조 12년에 평시서로 바꾸었다. 평시서에서는 자, 말, 저울 같은 도량형을 변조해 부당이익을 취하는 경제사범을 단속하였고 물건 값의 높고 낮음을 검사하는 기능의 관아(官衙)였다. 도량형은 관에서만 제조한 것만 사용하여야 하며, 도량형을 변조하여 부당이익을 취한 자는 장(杖) 70의 형(刑)에 처한다는 규정을 두고 있었다.[29]

2) 중강개시(中江開市), 책문후시(柵門後市), 북관개시(北關開市)

중강개시(中江開市)는 압록강 하구의 한 섬에 청나라와 교역하던 무역 중개 장소를 말한다. 중강개시는 설치시기에 따라 두 가지로 불린다. 조선왕조 인조 때 청나라의 요청에 의하여 설치된 것을 가리켜 중강후시(中江後市)라 일컬었다(延正悅, 1996, p.468). 그리고 이에 앞서 같은 장소에서 명나라와 교역을 하였었는데, 이를 중강

---

27) 민족문화추진회, 1982, 국역 만기요람 1 재용편, p.493.

28) 향시는 당시 지방에서 3~5일 간격으로 서는 장을 말한다.

29) 大明律 戶律 市廛 私造〇斗稱尺條에 ……若官降不如法者杖七十이라고 밝히고 있다.

전시(中江前市)라 불렀다.

선조 26년(1592)에 국내에 기근이 들었고, 당시 재상이었던 유성룡(柳成龍)이 건의하여 변경지역인 압록강의 중강(中江)에 시(市)를 열어 교역하게 하였는데 이것이 중강전시(中江前市)로서 중강개시의 시초가 된다.[30] 선조 34년(1601)에 이르러 많은 폐단이 잇달아 나타나므로 없애기로 하였다가 명나라의 관아인 무원(撫院)에서만 열도록 허락하였다. 다음해에 명나라 환관인 고양(高洋)이 복구할 것을 청하므로 의주에 명령하여 전과 같이 매매하도록 하였다가 광해군 기유(1609년)에 다시 폐지하였다. 이러한 정황을 보면, 국경시장에서의 교역에 따른 수익이 내수시장의 그것과 현격한 차이를 보이므로 관허의 교역업자들 외에도 일반 민간인들의 관심도 커지고 불법적인 방법 등으로 질서가 어지러워지는 폐단이 심심치 않았음을 알 수 있다.[31] 인조 24년(1646)에 청나라의 요청에 의하여 다시 설치하였는데, 이를 중강후시(中江後市)라 하며, 3월과 9월 15일의 2회에 걸쳐 교역하도록 정하였다가 2월과 8월로 개정하였다.

초기에는 엄격했던 협약 규정도 점차 해이해져서 그 개시 시기 일정이 연장되었다. 국법으로 금하여 일반 상인들이 시장에 따라 들어가는 것은 일체 허락되지 않았으나 점차 해이해져서 민간 상인들이 함부로 따라가서 저희 마음대로 교역하였다. 중강후시의 정

---

30) 당시 국내의 물가는 무명 1필 값이 겉곡식 1말 값도 되지 않았지만, 중강에 선 시장에서는 쌀 20여 두에 상당하였다. 은이나 구리, 무쇠로 교역하는 자는 10배의 이익을 챙기게 되므로 요동 지방의 미곡이 우리나라에 많이 반입되어 생활을 온전히 하는 자가 많았다(민족문화추진회, 1982, 국역 만기요람 1 재용편, p.563.).

31) 이 중강개시(中江開市)에서 상행위를 하는 자는 관의 허가를 받은 관허(官許) 무역업자였다(延正悅, 1996, 新訂增補版 韓國法制史, p.469; 延正悅, 1998, 萬機要覽에 관한 一研究, p.12에서 재인용).

황은 대개 이러하였으며 나중에 책문(柵門) 후시가 점점 성하여짐
에 따라 사행(使行)이 있을 때마다 우리나라 상인이 화물을 휴대하
고 시장에 따라 들어가니 청나라 상인들은 앉아서 이익을 보았고,
그들이 화물을 싣고 오는 일은 없어졌다.

중강개시에서 거래되는 교역물품 종류는 다양했다. 소, 다시마,
해삼, 면포와 포, 백지와 장지, 소금, 보습, 사기(沙器) 등속이었는
데, 물건의 종류가 아무리 다양해도 그것이 액수와 별 관계가 없는
것은 이들 물건들을 가져가서 교역하는 것을 허락하지 않고, 모두
은(銀)으로 값을 회계하여 소청포(小靑布) 1필을 은 3돈 5푼에 준
하는 것으로 취하게 하였다. 소청포는 품질이 좋지 않으며 짧고 좁
아서 효용성이 떨어졌다.[32] 우리의 유용한 재화를 가져다가 청나라
의 무용한 물건과 교역하는 셈이므로, 비록 명목상으로는 상호 이
익이 되는 외국과의 교역이라고 하지만 국가차원에서 보면 실은
우리 측에게는 별 이익이 없는 일이었다.

숙종 26년(1700)에 예부에서 중강후시를 없앴지만, 책문후시는
그 후로도 계속되었다. 당시 요동(遼東)과 봉성(鳳城)의 12인이 연
행사절 일행의 물자를 도맡아 대는 상인이라 칭하고,[33] 관동 지방
의 탐관오리들과 결탁하여 이익을 도모하여 청나라에 납세하기를
자원하고 화물을 많이 운수하였다. 사행들이 책문을 출입할 때에는
만상과 송도 상인 등이 은과 삼을 몰래 가지고 부마(夫馬) 속에 섞
여 들어 여러 가지 물건들을 팔아 모리하였다. 돌아올 때에는 수레
마차 등 움직이는 행렬을 더디게 한 후 사신일행을 책문으로 나가

---

32) 민족문화추진회, 1982, 국역 만기요람 1 재용편, p.564(中江開市公買賣總數).
33) 이들을 '난두(欄頭)'라 칭했다.

게 하여 거리낄 것이 없게 한 뒤에 마음껏 매매하고 돌아오는데, 이것을 책문 후시(柵門後市)라고 하였다.

세폐방물(歲幣方物)을 교부한 뒤에 돌아오는 인마(人馬)에 이르러서는 특별히 단련사(團練使)를 차송하여 외람되고 못된 짓들을 금하도록 하였었다. 그 뒤 단련사가 도리어 상고(商賈)의 두령이 되어 뒤에 쳐져 여러 날을 머무르면서 마음껏 매매하여 돌아오는 말 편에 싣고 돌아왔다. 이를 단련사후시(團練使後市)라고 불렀다. 단련사는 정조 13년(1789)에 없애고 방물은 책문에서 고거(雇車)로 운반하였었는데, 순조 6년(1806)에 임금께 청하여 본국에서 진공(進貢)하는 차량이 책문에 도착한 뒤에는 봉황성의 수위가 대신 감찰할 것을 허하고 우리 측에게는 값을 출급하여 따르지 못하게 하였다.

북관개시(北關開市)란 회령개시(會寧開市)와 경원개시(慶源開市) 등 두 곳의 개시를 말한다. 회령개시는 청 태종 연간에 청나라의 영고탑(寧古塔) 및 오라(烏喇) 두 곳의 사람들이 호부의 표문(票文)을 지참하고 농우(農牛), 농기(農器), 식염(食鹽)을 가지고 회령(會寧)에 들어와서 교역을 하게 되어 해마다 두 나라 상인 간에 교역을 하기 위해 열게 된 개시(開市)이다.[34] 북경(北京) 예부에서는 두호자문(頭戶咨文)을 파송하였고, 시(市)를 끝낸 뒤 우리나라에서는 완시자문(完市咨文)이 있었다. 차관(差官)이 오는 것을 기다려서 차사원(差使員)이 지방관과 아울러 객관(客館)에서 감시(監市)하였다.[35]

이 시기를 전후하여 함경도 경원(慶源)에도 이와 같은 개시가 열

---

34) 자년(子年), 인년(寅年), 진년(辰年), 오년(午年), 신년(申年), 술년(戌年)은 단개시(單開市)라 하고, 축년(丑年), 묘년(卯年), 사년(巳年), 미년(未年), 유년(酉年), 해년(亥年)은 쌍개시(雙開市)라 한다.

35) 민족문화추진회, 1982, 국역 만기요람 1 재용편, p.570.

려 경원개시(慶源開市)라고 하였다. 경원개시는 격년으로 열렸으며, 청나라 상인들은 소와 보습, 솥 등 철제품을 가지고 와서 교역을 하였다. 차관(差官)을 기다려서 감시(監市)하였고, 완시자문은 회령의 방식과 같다.[36]

청(淸)의 순치연간(順治年間)에는 회령과 경원에 교역하러 온 자들이 594명에 이르렀다. 그리고 말, 소, 낙타 등의 가축이 1,144필에 달하여 꼴과 양식의 공급을 백성이 감당할 수 없을 정도였다.[37] 개시한 초기에는 인축(人畜)의 수가 15~16에 지나지 않고 교역하면 곧 떠나던 것이 차차 양측의 사람이 서로 재화를 탐하여 폐단이 일면서 인축이 1,000에 가깝고, 낙타, 노새는 더욱 많았으며, 80~90일까지도 체류하게 되니,[38] 그 교역량이 시간이 지날수록 엄청나게 늘어났음을 알 수 있다. 한편, 북관개시가 열린 틈을 타서 외국인에게 조선의 경제동향이나 그 밖에 조선의 실정을 누설하는 자가 적발되면 죄를 물어 처벌하였다.[39] 북관개시에서 청나라 화폐는 관의 허가를 받은 관원이나 무역상만 소지할 수 있으며 그 밖의 사람들은 소지하거나 사용할 수 없었다.

3) 향시(鄕市)

지방에서 개시(開市)하는 것은 한 달에 6회 장(場)으로서, 1·6

---

36) 민족문화추진회, 1982, 국역 만기요람 1 재용편, p.571.
37) 萬機要覽 財用篇 5, 中江開市 總例條(민족문화추진회, 1982, 국역 만기요람 1 재용편, p.571).
38) 민족문화추진회, 1982, 국역 만기요람 1 재용편, p.572.
39) 續大典 刑典 禁制條(延正悅, 1998, 萬機要覽에 관한 一研究, p.12에서 재인용).

일, 2·7일, 3·8일, 4·9일, 5·10일 장(場)이 일반적이고, 송도는 시법(市法)을 서울과 같이 하였다.

각 지역별 향시가 열리는 장소의 수는 경기 102처, 충청도가 157처, 강원도 68처, 황해도 82처, 전라도 214처, 경상도 276처, 평안도 134처, 함경도 28처 등이다.[40] 이들 전국에서 열리는 향시 가운데 경기도 광주 사평장(廣州沙坪場), 송파장(松坡場), 안성 읍내장(安城邑內場), 교하 공릉장(交河恭陵場), 충청도의 은진 강경장(恩津江京場), 직산 덕평장(稷山德坪場), 전라도의 전주 읍내장(全州邑內場), 남원 읍내장, 강원도의 평창 대화장(平昌大化場), 황해도의 토산 비천장(兎山飛川場), 황주 읍내장(黃州邑內場), 봉산 은파장(鳳山銀波場), 경상도의 창원 마산포장(昌原馬山浦場), 평안도의 박천 진두장(博川津頭場), 함경도의 덕원 원산장(德源元山場) 등이 당시의 크고 유명한 장(場)들이다.[41]

---

40) 길주의 이북 삼갑(三甲) 각 읍에는 본래 장시(場市)가 없고 여염간(閭閻間)에서 평상일에 매매하였다.

41) 萬機要覽 財用篇 5, 各廛·鄉市.

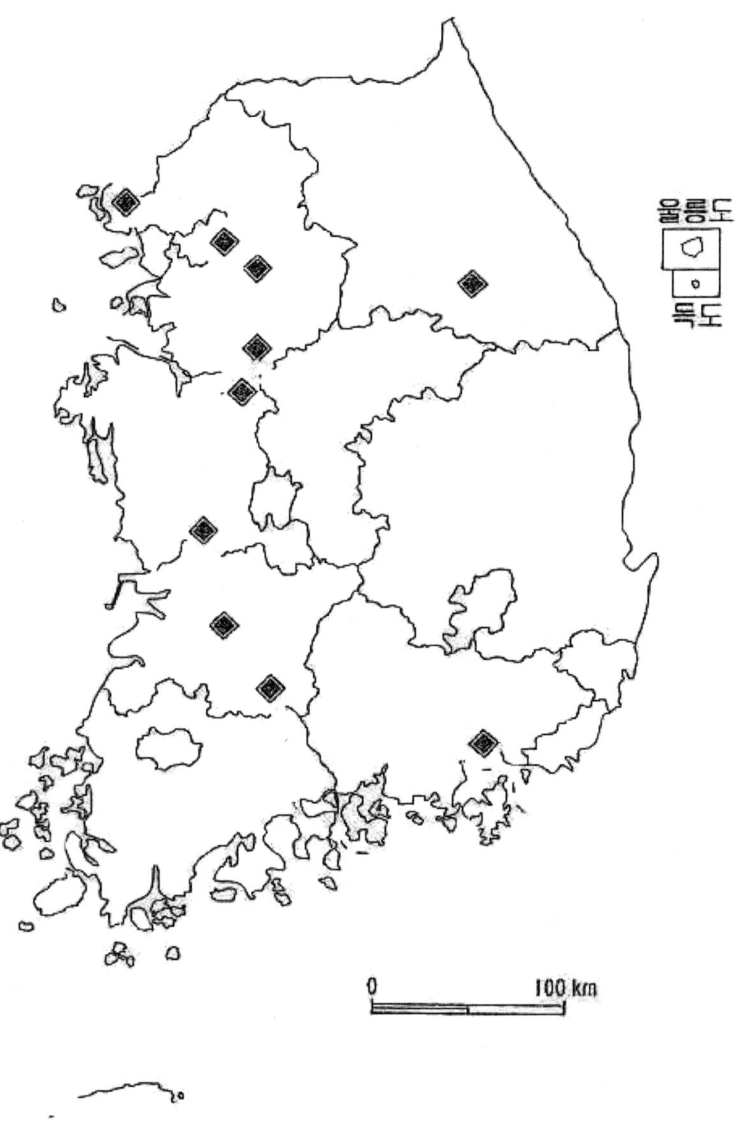

〈그림 2〉 조선시대 후기의 유명 향시(鄕市) 분포(중부이남)

6. 교통지리 : 조창(漕倉)의 설치와 분포

일반적으로 조운(漕運)이라 함은 교통수단과 화폐경제가 미발달하였던 시대에 있어서 조세(租稅)를 선박으로 해상 혹은 하천을 통하여 왕도(王都)로 수송하여 상납하는 운송체계를 말한다.[42] 조세(租稅)를 선박으로 운반하여 서울에 상납하는 것을 조(漕)라고 불렀다. 조세로 징수한 전곡(錢穀)을 선박으로 운반하여 서울에 상납하는 것을 조전(漕轉)이라 일컫는다.

조세를 거두기 위해 삼남에는 조창(漕倉)을 설치하고 상류에는 수참(水站)을 배치하여 조박(漕舶)은 바다의 길로 이르게 되며, 참선(站船)은 강을 따라 내려오게 된다. 조(漕)에 부속된 읍과 참(站)에 부속된 읍이 각각 있으되, 길과 마을이 우회하고 궁벽하여 조와 참에 부속되지 아니한 곳은 임선(賃船)을 사용하여 스스로 납부토록 했다. 이렇게 하면 전국 모든 지방의 조세와 조전이 모두 한데 모이게 되어 상통하게 된다. 창(倉)이 있는 곳에 각각의 부속된 읍이 있게 되므로 창(倉)은 반드시 바다를 낀 항구에 설치하여 모든 읍으로 통할 수 있도록 하였는데, 이른바 육로이든 해로이든 접근성이 양호한 중심지 기능을 높일 수 있는 곳에 입지하도록 한 것이다. 따라서 선박을 정박시키는 항구는 늘 소통에 편리하도록 정리정돈이 되도록 하였다. 선박의 정박시설물과 선박수리에 따르는 각

---

42) 萬機要覽 財用篇 2 漕轉條에 "租稅之舟運 而納于京師 謂之漕"라 하였다. 엄밀하게는 바닷길을 통해 운반하는 해운과 하천을 따라 운반하는 수운으로 구별된다. 조운(漕運)은 넓은 의미에서 두 가지를 모두 포함한 개념이지만, 경우에 따라서는 해운만을 조운이라 하고, 수운은 달리 참운(站運)이라 하여 별도 구분하기도 하였다(延正悅, 1998, 萬機要覽에 관한 一研究, p.1 각주 재인용).

장비와 관련 기계 및 부품을 수선하고, 사공과 격군들을 훈련시켜 물자와 식량 등이 제때에 닿도록 하였다. 매년 초 봄에 호조에서 서울에 상납하도록 하는 사목(事目)을 갖추어 국왕의 재가를 받아 조정의 명령을 알리면, 각 읍의 수령들은 기한 내에 곡물을 받아서 소속된 창(倉)에 납부하고, 중요한 사무로 임시 파견된 차사원(差使員)은 거두어들이는 것을 감독하여 싣고, 배편을 이용해 영납(領納)하였다. 조세와 조전을 운반하는 선편이 서울 근처의 경강(京江)에 도착해 정박하면 호조(戶曹)의 당랑(堂郎)이 나가서 점검하고 각 창(倉)으로 나누어 적재시켰다.[43] 대체로 일련의 과정이 이러하였고, 구체적으로 지역별 조창의 분포는 다음과 같았다.

우선, 전라도에는 다음의 세 군데에 조창을 두었다. 성당창(聖堂倉)은 함열(咸悅)에 두었다. 세종 10년(1428)에 설치하였으며, 조선(漕船) 14척 규모에 8읍의 전세(田稅)와 쌀, 면화 등을 싣는데 군산의 첨절제사(僉節制使)가 영납하였다.[44] 정조 15년(1791)에 관찰사의 청에 의하여 함열 현감으로 하여금 감봉(監捧)하여 영납도록 하였다. 군산창(群山倉)은 옥구(沃溝)에 두었다. 군산창은 성종 18년(1487)에 설치하였으며, 조선(漕船) 23척을 거느리는 규모이며, 7읍의 전세(田稅) 및 대동미를 싣는데 군산의 첨절제사가 감봉 영납하였다.[45] 법성창(法聖倉)은 중종 7년(1512)에 영광에 설치하였다. 조선(漕船) 29척 규모에, 12읍 1진(鎭)[46]의 전세(田稅)와 대동미를 싣는데 법성첨사가 감봉하여 영납하였다.

---

43) 萬機要覽 財用篇 2, 漕轉·漕倉.

44) 관할 8읍에는 함열, 진산, 운봉, 익산, 고산, 금산, 용담, 남원 등이다.

45) 관할 7읍에는 옥구, 전주, 진안, 장수, 금구, 태인, 임실 등이다.

46) 관할 12읍 1진에는 영광, 광주, 담양, 순창, 옥과, 고창, 화순, 곡성, 동복, 정읍, 창평, 장성, 법성 등이다.

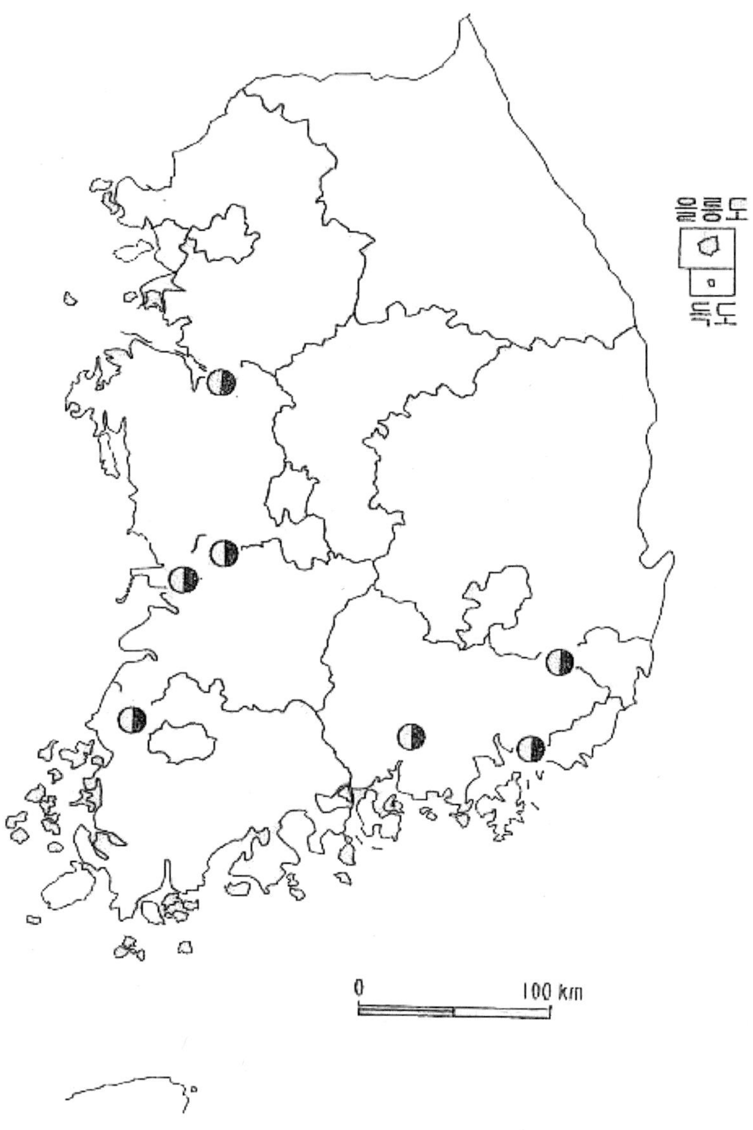

〈그림 3〉 15~16세기의 조창(漕倉)의 분포

한편, 충청도(당시 公忠道)에는 아산에 공진창(公津倉)을 두었다. 중종 18년(1523)에 설치하였으며 조선(漕船) 15척을 두었고, 7읍의[47] 전세(田稅)를 실어 부근의 첨사, 만호, 권관이 영납하였다. 영조 38년(1762)에 아산 현감으로 하여금 감봉 영납도록 하였다. 이상의 성당창, 군산창, 법성창, 공진창은 호조에서 관리하였다.

경상도에는 좌우 조창과 삼랑창 등 세 곳에 조창을 두었다. 마산창(馬山倉)은 창원(昌原)에 두었으며 좌창(左倉)이 된다. 조선(漕船) 20척의 규모이고, 8읍[48]의 전세(田稅)와 대동미를 싣되 창원 부사(府使)가 감봉하고, 구산 첨사가 영납하였다. 견내량에 속창(屬倉)을 두었는데 고성과 거제 두 읍의 곡물을 봉제(捧載)하기 위한 것이다. 영을 받들어 운송하는 차원(差員)이 감봉하여 원창(元倉)의 곡물을 싣고 지나갈 때를 기다려서 함께 싣고 떠나게 했다. 가산창(駕山倉)은 진주에 있으며 우창(右倉)의 역할을 한다. 조선(漕船) 20척의 규모이다. 8읍[49]의 전세와 대동미를 싣는데 진주목사가 감봉하며 적량 첨사가 영납하였다. 삼랑창(三浪倉)은 밀양에 있었으므로 후창(後倉)이 된다. 조선(漕船) 15척의 규모이다. 6읍[50]의 전세(田稅)와 대동미를 싣는데 밀양부사가 감봉하고 제포 만호(薺浦萬戶)가 영납하였다. 이상의 세 곳 조창(漕倉)은 당시 선혜청(宣惠廳)이 관리하였는데, 화물의 대부분을 차지하는 것이 대동미였기 때문이다.

조창(漕倉) 건설은 쉬운 일이 아니었는데, 경상도의 마산창과 가

---

47) 아산, 목천, 연기, 천안, 온양, 전의, 서원(청주) 등이다.
48) 창원, 함안, 칠원, 진해, 거제, 웅천, 의령의 동북면, 고성의 동남면 등이다.
49) 진주, 곤양, 하동, 단성, 남해, 사천과 고성의 서북면, 의령의 서북면 등이다.
50) 밀양, 현풍, 창녕, 영산, 김해, 양산 등이다. 김해는 본래 좌창의 관할이었지만 후창이 만들어지면서 이속하였다.

산창 설치에 따른 당시의 어려움이 컸음을 『승정원일기』를 통해서
도 알 수 있다. 영남 연안 지방의 세곡상납 방법을 조선(漕船)으로
변통한 후에 창원에 마산창, 진주에 가산창 등 두 조창을 두었다.
양창(兩倉)의 행랑 수를 합하여 모두 300여 간(間)이나 되고, 부족
한 조선(漕船)의 수가 13척이나 되며, 지토선(地土船)으로 사용기한
이 차거나 부서져 손상된 것도 개조해야 하는데, 이러한 일에 들어
갈 재목을 구할 길이 없었다. 그래서 조창(漕倉)을 짓고 선박을 새
로 만들거나 개조 수리하는 데 필요한 재목을 통영(統營)소관의 봉
산(封山) 중에서, 바람에 쓰러져 저절로 고목이 된 풍락굴곡송(風落
屈曲松)일지언정 베어 내어 쓸 것을 허락해 주도록 묘당(廟堂)에서
임금께 아뢰어 달라고 했으니,51) 그 사정의 어려움을 미루어 짐작
할 수 있다. 300여 간(間)이 넘는 두 곳 조창(漕倉)의 건립과 13척
이나 모자라는 선박을 새로 만드는 데에는 적지 않은 양의 물력이
소요될 것이었으며, 더욱이 재목을 자체 조달하기는 더욱 어려움이
따랐음을 알 수 있다.

7. 요약 및 맺음

　『만기요람』의 재용편은 조선후기를 대표하는 재정 또는 경제와

---

51) 『承政院日記』第1175册, 英祖 35年 己卯 11月 20日 丙寅에 다음의 글이 나온다.
　　漕船變通後 兩漕倉一於晋州之駕山浦 一於昌原之馬山浦 別定差員 今方新設 而兩倉
　　間架 合爲三百餘間 漕船之不足爲十三隻 地土船之限滿與破傷者 亦當改造 而所入材
　　木 無路措辨 統營封山中 設倉之材 以風落屈曲松許斫 漕船新造改造之材 隨其隻手亦
　　爲許斫事 請令廟堂稟處矣

관련된 내용들을 담고 있는 군주를 위한 통치 지침서라 할 수 있다. 따라서 『만기요람』은 제왕의 하교(下敎)와 교지(敎旨)의 초를 잡을 때에도 직접적인 큰 영향을 주었다.

군왕으로서 국가 통치의 기본적인 틀을 바르게 인식함으로써, 국정에 소홀함이 없도록 항상 왕의 좌우에 두고 국정에 참조하도록 하기 위하여 편찬된 것이 『만기요람』이다. 이 책은 왕명에 의하여 편찬된 국정운용 지침서로서 엮어졌기 때문에, 특별히 재용편을 통해서는 당시의 조선후기 국가재정의 이모저모를 일목요연하게 엿볼 수 있다.

이러한 목적으로 엮어져 만들어진 『만기요람』 재용편 곳곳에 지리적인 중요 정보들이 등장한다.

첫째, 『만기요람』 재용편에서도 다룬 것처럼 금과 은, 구리, 납과 같은 주요 귀금속 및 금속자원은 우리 일상생활에 영향이 컸던 금속들임을 알 수 있다. 처음 금은 자산(慈山), 강화의 남면(南面), 성천(成川), 수안(遂安) 등지에서 약간씩 채취되다가 19세기 초에 와서 경기 지방, 호서 지방, 관서와 해서 지방, 관동 지방, 관북 지방 등의 6도에 금맥의 발굴이 점점 성하여 개발이 활발해졌으나 여러 가지 민폐와 관리의 어려움 등으로 조정에서 철폐토록 하였다. 금의 분류는 최상을 '10품금' 또는 '엽자금(葉子金)'이라 하며 제련하였으되 정하지 못한 것을 '괴금(塊金)', 제련하지 아니한 것을 '쇄생금(碎生金)'이라 하였다.

은(銀)은 귀히 여겨 국외 반출에 엄격한 면이 있었다. 단천에서 처음 은을 캐고 파주, 교하, 곡산, 춘천, 공주 등지에 은점을 설치하는 등 68개 읍에 이르다가 은맥의 쇠잔함이 심해지고, 세금 납부의 부담, 은점의 관리 등 서민들의 고충이 더욱 심해지는 가운데 정조 무오년에 이르러 은점(銀店) 신설을 금지하였다. 당시 은(銀)은 네 가지로 분류했는데, 천은(天銀), 지은(地銀), 현은(玄銀), 황은(黃銀)으로 분류되었다. 천은(天銀)은 임금께서 사용하는 그릇을 만들 때 쓰이고, 지은(地銀)은 칙사 대접의 예단용으로, 현은(玄銀)과 황은(黃銀)은 제반 경용(經用)에 사용하여 각기 용처를 달리했다.

우리나라에서도 구리는 산출되었지만 제련법을 몰라 소비되는 양의 대부분을 왜동(倭銅)에 의존하였다. 구리의 생산은 수안(遂安)과 영월, 보은, 안변 등지에서 시작되었으나 제련한 동(銅)의 품질이 왜동(倭銅)에 미치지 못해 활용이 저조했다. 연(鉛)은 은과 함께 생산되어 은(銀)은 호조에 상납하고, 연(鉛)은 그 세수(稅收)되는 액수를 계산해 각 군문(軍門)에서 사용하였다.

금과 은의 활용가치는 예나 지금이나 매우 귀히 여겨지는 귀금속이다. 구리 또한 특수강의 합금에 없어서는 안 되는 중요한 금속이며 납 역시 그 용도가 특수하여 고금을 막론하고 중요시되는 금속임을 알 수 있다.

둘째, 19세기 초 조선왕조 후기 곡물의 총량은 약 1천만 석에 달했다. 해마다 일정치 않은 농산물의 작황은 서민들의 생활 안정을 위협하므로 춘궁기에 주민들에게 곡식을 꾸어 주었다가 그해 가을 추수기에 받아들여 주민들의 식생활에 불편함이 없도록 환총(環摠) 제도로 이를 다스렸다. 조정에서는 풍년에 비싼 값에 미곡 따위를 사들여 보관해 두었다가 흉년에 싼 값에 백성들에게 나누어 주기도 했는데, 이는 현대 사회에서 시행되었던 정부의 고미가(高米價) 정책의 기본원리와 일맥상통하는 바 있다.

셋째, 19세기 초의 기록에 의하면 밭(63.7%)이 논보다 많았다. 전국 밭 면적 가운데 영남 지방이 20% 이상, 호서(17.4%)와 호남(17%) 지방이 다음을 잇는다. 관동 지방의 밭 면적은 전국 대비 3.6%에 머물러 당시 경지 개발이 미진했음을 알 수 있다. 전체 경지에서 논이 차지하는 비율은 36.3%에 불과하다. 호남 지방은 전국적으로 논이 가장 많은 지방인 동시에 전국에서 유일하게 논이 밭보다 많은 지역이다. 논의 비율은 호남에 이어 영남과 호서 지방이 뒤를 잇는다. 논밭을 합친 경지면적 전체로 보면 호남(23.3%), 영남(23.1%), 호서(17.6%)의 순이다. 당시에도 이들 세 지방이 우리나라 농업경제의 주도적인 역할을 담당했던 지역들임을 알 수 있다. 한편, 연행사신(燕行使臣)들은 의주근처의 압록강 책문을 통해 연경에 드나들었으며, 지정통화인 은(銀)의 사용을 통제하고 대신 인삼 10근 8포씩의 1인당 상한선을 두어 노자로 사용토록 하였다. 이를 어겼을 경우 당사자들을 엄벌에 처했음은 물론 압록강 책문을 지키는 총책임자인 의주부윤의 책임을 물어 파직시킬 정도로 엄했다. 이를 통해 보면, 조선의 인삼은 당시 청나라 연경에서 매우 인기품목임을 알 수 있고, 지정통화인 은의 사용을 금한 것은 국내생산이 원활하지 못한 은(銀)의 국고(國庫) 반출을 금했던 당시 사정을 잘 알 수 있다.

넷째, 『만기요람』 재용편의 송정(松政) 내용을 바탕으로 각 도(道)의 봉산(封山), 황장(黃腸)봉산, 송전(松田) 분포를 보면 봉산(封山)이 가장 많은 곳은 전국 6도 325처 중 전라도 지방이 142처로 가장 많고, 황장(黃腸) 봉산은 6도 60처 가운데 강원도 지방이 가장 많아 43처, 송전(松田)은 6도 293처 가운데 경상도 지방이 가장 많아 264

처이다. 봉산(封山) 정책이 시행되지 않은 곳은 6도 가운데 한성부로부터 가장 먼 북쪽의 함경도 지방뿐이다. 특별히 황장목(黃腸木)은 토종 소나무의 일종으로서 속의 심재 부분이 누런 황색을 띠는 소나무이다. 재질이 강하고 곧게 자라며 키도 커서 재목으로서의 가치가 탁월한 소나무로 일명 '춘양목' 또는 '금강송'이라고도 하는데 이는 강원도 일대와 경상도 내륙의 산간에서 잘 자랐다.

다섯째, 『만기요람』 재용편에 다양한 장시의 기능과 중요성을 다루었다. 육의전(六矣廛)과 난전(亂廛), 장시의 질서를 잡는 평시서(平市署), 국경지대에 중강개시(中江開市)와 북방개시(北方開市) 등을 언급하였다. 육의전이란 선전(縇廛), 면포전(綿布廛), 면주전(綿紬廛), 지전(紙廛), 저포전(苧布廛), 내외어물전(內外魚物廛) 등이며 상인들은 조정으로부터 허가를 받았고 시전세(市廛稅)의 기준은 행랑이 차지한 칸 수(間數)의 비율에 따랐다. 관의 허가를 얻지 아니한 자가 각전(各廛)의 취급물품을 사사로이 거래하는 가게를 난전(亂廛)이라 한다. 평시서(平市署)에서는 말, 자, 저울 같은 도량형을 변조해 부당이익을 취하는 경제사범을 단속하였다. 중강개시(中江開市)는 압록강 변경의 일정 지역에서 청나라와 교역하던 무역 중개지를 말한다. 이를 중강후시(中江後市)라 하고, 이에 앞서 같은 장소에서 명나라와의 교역을 중강전시(中江前市)라 한다. 북관개시란 회령개시(會寧開市)와 경원개시(慶源開市)를 말한다. 회령개시는 청태종 연간에 청나라 사람들이 농우(農牛), 농기(農器), 식염(食鹽)을 가지고 회령(會寧)에 들어와서 교역을 하였고 이 시기를 전후해 함경도 경원(慶源)에도 경원개시(慶源開市)가 격년으로 열렸으며, 청나라 상인들은 소와 함께 보습, 솥 등 철제품을 가지고 와 교역하였다. 두 곳 개시(開市)에 초기 참가자는 인축(人畜) 15～16에 불과했지만 청(淸)의 순치연간(順治年間)에는 회령과 경원에 크게 늘어 594명이 되었고 말, 소, 낙타 등의 가축이 1,144필에 달하였다.

여섯째, 조운(漕運)은 교통수단과 화폐경제가 활발하지 못했던 시대에 조세(租稅)를 선박으로 해상 혹은 하천을 통하여 왕도(王都)로 수송하여 상납하는 운송체계이다. 기록을 통해 조창을 설치한 곳의 지리적인 입지특성과 그 분포 위치를 알 수 있는데, 전라도에는 세 곳에 조창을 두었다. 함열(咸悅)의 성당 창(聖堂倉)은 관할 읍 8곳을, 옥구의 군산 창(群山倉)은 관할 읍 7곳을, 영광의 법성 창(法聖倉)은 관할 읍 12곳과 1진을 두었다. 충청도에는 조창이 한 곳으로서 아산에 공진 창(公津倉)을 두어 7읍을 관할하였다. 경상도에는 좌우 및 후창 등 세 곳의 조창을 두었는데, 창원의 마산 창(馬山倉)은 좌창으로서 관할 읍이 8곳이며, 견내량에 속창(屬倉)을 두고 고성과 거제 두 읍의 곡물을 봉제(捧載)하였다. 진주의 가산 창(駕山倉)은 우창으로서 8읍을 관리했고. 밀양의 삼랑 창(三浪倉)은 후창(後倉)의 위치이며 6읍을 관리했다. 이들 창(倉)이 있는 곳은 각각의 부속된 읍이 있게 되므로 창(倉)은 공히 바다를 낀 항구 지역에 입지하였다. 관할의 모든 읍으로 통하는 육로와 해로의 접근성이 높은 곳이며, 선박을 정박시키는 항구를 늘 편리하게 정리 정돈하였다.

요컨대, 『만기요람』 재용편에는 금속광물 자원으로 금과 은, 구리와 납의 분류와 생산지 성쇠를, 농업지리와 관련해서는 연간 곡물 총생산량과 전답 및 전세(田稅) 부과와 그 기준, 고금을 통해 외부세계에 널리 알려진 인삼에 대해, 그리고 수리(水利)를 위한 제언(堤堰)의 분포와 기능 등을, 임업지리와 관련하여 소나무의 정책과 분포에 대한 내용을, 상업지리와 관련하여 여러 가지 장시(場市)의 종류와 북쪽 변방의 국경시장의 분포와 규모, 성쇠 등을, 교통지리와 관련하여 조창(漕倉)의 분포와 기능 등 실로 다양한 당시의 지리 관련 내용들이 들어 있다. 이들 내용들을 현대 지리적 분류체계와 연결시켜 해석하고, 조명해 볼 때, 나라의 임금이 비망록처럼 좌우 가까이 두고 읽는 책자 속에, 실용적 지리 관련 지식과 필요한 정보들이 국왕의 국정운용에 직결되는 중요한 요체로서 정리되어 매우 중요하게 쓰이고, 영향을 미쳤음을 짐작할 수 있다.

참고문헌

고운기 엮음, 1998, 새로 읽는 한국 고시가, 드림북스: 서울, p.130.

민족문화추진회, 1982, 고전국역총서 67 만기요람 1.

續大典 戶曹 倉庫條.

손용택, 2005, 삼림자원의 시장화 성쇠, 봉화군 춘양목을 사례로, 한국
경제지리학회지, 2005, 제8권 제3호, p.449.

辛鍾遠, 1995, 강원도의 禁標 封標, 博物館誌(江原大學校博物館) 第2
號 『承政院日記』 第1175冊.

延正悅, 1996, 新訂增補版 韓國法制史, 학문사: 서울, pp.474-475.

延正悅, 1998, 萬機要覽에 관한 一研究.

黃大錫・延正悅 1978, 經營史(韓國經營史概說), 세영사: 서울, p.58.

손용택 ────────────────────────────────────

▌약 력

동국대학교 지리교육과 졸업
동국대학교 대학원 지리학과 졸업 (문학박사)
한국교육개발원 연구위원
(현) 한국학중앙연구원 교수

▌주요 저서

웰빙문화시대의 행복론(공저, 2008, 경인문화사)
동아시아의 영토와 민족문제(공저, 2007, 경인문화사)
연행록연구총서 10; 복식,회화,건축,지리(공저, 2006, 학고방)
한국지명유래집 중부편(공저, 2008, 국립 국토지리정보원) 외

조선의 학자, 땅을 말하다

초판인쇄 | 2009년 12월 31일
초판발행 | 2009년 12월 31일

지은이 | 손용택
펴낸이 | 채종준
펴낸곳 | 한국학술정보㈜
주   소 | 경기도 파주시 교하읍 문발리 파주출판문화정보산업단지 513-5
전   화 | 031) 908-3181(대표)
팩   스 | 031) 908-3189
홈페이지 | http://www.kstudy.com
E-mail | 출판사업부 publish@kstudy.com
등   록 | 제일산-115호(2000. 6. 19)

ISBN   978-89-268-0563-3 93980 (Paper Book)
        978-89-268-0564-0 98980 (e-Book)

내일을여는지식 은 시대와 시대의 지식을 이어 갑니다.